鸡病

临床诊断指南

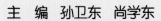
JIBING LINCHUANG
ZHENDUAN ZHINAN

主　编　孙卫东　尚学东

副主编　谭应文　郎应仁　程龙飞

参　编　王　权　王金勇　白徐林佩　刘大方　刘永旺

　　　　孙逸文　张　青　崔锦鹏　樊彦红

机械工业出版社
CHINA MACHINE PRESS

本书由南京农业大学动物医学院、南京惠牧生物科技有限公司、上海海利生物技术股份有限公司、福建省农业科学院畜牧兽医研究所等单位的专家、教授合作编写而成。本书从多位作者积累的数万张图片中精选出鸡场鸡病常见临床症状和病理剖检变化的典型照片，从养鸡者如何通过症状和病理剖检变化认识鸡病，进而鉴别诊断鸡病等方面组织编写，让读者按图索骥，一看就懂，一学就会。全书共分8章，除了鸡被皮、运动、神经系统疾病，呼吸系统疾病，消化系统疾病，心血管系统疾病，泌尿生殖系统疾病，免疫抑制和肿瘤性疾病的诊断6章内容外，还包括走进鸡场、鸡场疾病的综合防治策略2章内容。

本书可供基层兽医技术人员和养殖户使用，也可作为农业院校相关专业师生的参考（培训）用书。

图书在版编目（CIP）数据

鸡病临床诊断指南/孙卫东，尚学东主编.—北京：机械工业出版社，2016.6（2019.4重印）

（高效养殖致富直通车）

ISBN 978-7-111-53871-4

Ⅰ.①鸡…　Ⅱ.①孙…②尚…　Ⅲ.①鸡病－诊断－指南　Ⅳ.①S858.31-62

中国版本图书馆CIP数据核字（2016）第113607号

机械工业出版社（北京市百万庄大街22号　邮政编码100037）
策划编辑：郎　峰　　　责任编辑：郎　峰
责任校对：王　欣　　　责任印制：孙　炜
北京利丰雅高长城印刷有限公司印刷
2019年4月第1版第3次印刷
147mm×210mm・7.25印张・223千字
7001—8900册
标准书号：ISBN 978-7-111-53871-4
定价：39.80元

凡购本书，如有缺页、倒页、脱页，由本社发行部调换

电话服务　　　　　　　　　　　网络服务
服务咨询热线：010-88361066　　机工官网：www.cmpbook.com
读者购书热线：010-68326294　　机工官博：weibo.com/cmp1952
　　　　　　　010-88379203　　金书网：www.golden-book.com
封面无防伪标均为盗版　　　　教育服务网：www.cmpedu.com

序

　　改革开放以来，我国养殖业发展非常迅速，肉、蛋、奶、鱼等产品产量稳步增加，在提高人民生活水平方面发挥着越来越重要的作用。同时，从事各种养殖业也已成为农民脱贫致富的重要途径。近年来，我国经济的快速发展为养殖业提出了新要求，以市场为导向，从传统的养殖生产经营模式向现代高科技生产经营模式转变，安全、健康、优质、高效和环保已成为养殖业发展的既定方向。

　　针对我国养殖业发展的迫切需要，机械工业出版社坚持高起点、高质量、高标准的原则，组织全国20多家科研院所的理论水平高、实践经验丰富的专家学者、科研人员及一线技术人员编写了这套"高效养殖致富直通车"丛书，范围涵盖了畜牧、水产及特种经济动物的养殖技术和疾病防治技术等。

　　丛书应用了大量生产现场图片，形象直观，语言精练、简洁深入浅出，重点突出，篇幅适中，并面向产业发展需求，密切联系生产实际，吸纳了最新科研成果，使读者能科学、快速地解决养殖过程中遇到的各种难题。丛书表现形式新颖，大部分图书采用双色印刷，设有"提示""注意"等小栏目，配有一些成功养殖的典型案例，突出实用性、可操作性和指导性。

　　丛书针对性强，性价比高，易学易用，是广大养殖户和相关技术人员、管理人员不可多得的好参谋、好帮手。

　　祝大家学用相长，读书愉快！

中国农业大学动物科技学院

前 言

  目前养鸡业已经成为我国畜牧业的一个重要支柱，在丰富城乡菜篮子、增加农民收入、改善人民生活等方面发挥了巨大的作用。然而，集约化、规模化、连续式的生产方式使鸡病越来越多，致使鸡病呈现出老病未除、新病不断，多种疾病混合感染，非典型性疾病、营养代谢疾病和中毒性疾病增多的态势。这不但直接影响了养鸡者的经济效益，而且防治疾病过程中药物的大量使用使食品安全（药残）成了亟待解决的问题。因此，加强鸡病防控的意义重大，而鸡病防控的前提是要对疾病进行正确的诊断，因为只有进行正确的诊断，才能及时采取合理、正确、有效的防控措施。

  鸡病在临床上往往表现为"一病多症，多病同症"，这给广大养鸡者认识鸡病带来了不小的挑战，使鸡场不能有效地控制好鸡病，导致鸡场生产水平逐步降低，经济效益不高，甚至亏损，影响了养鸡者的积极性，阻碍了养鸡业的可持续发展。对此，我们组织了多年来一直在养鸡生产第一线为广大养鸡场（户）做鸡病防治，具有丰富经验的多位专家和学者，从他们积累的数万张图片中精选出鸡病的典型症状和病理剖检变化，按系统分类，从养鸡者如何通过症状和病理剖检变化了解鸡病，如何辨证诊断鸡病，分析鸡病形成的原因等方面，编写了本书，让养鸡者可按图索骥，做好鸡病的早期干预工作，克服鸡病防治的盲目性，让广大养殖户获取更好的经济效益。

  需要特别说明的是，本书所用药物及其使用剂量仅供读者参考，不可照搬。在生产实际中，所用药物学名、常用名与实际商品名称有差异，药物浓度也有所不同，建议读者在使用每一种药物之前，参阅厂家提供的产品说明以确认药物用量、用药方法、用药时间及禁忌等。购买兽药时，执业兽医有责任根据经验和对患病动物的了解决定用药量及选择最佳治疗方案。

本书在编写过程中力求图文并茂，文字简洁、易懂，科学性、先进性和实用性兼顾，力求做到内容系统、准确、深入浅出，让广大养鸡者一看就懂，一学就会，用后见效。本书可供基层兽医技术人员和养殖户使用，也可作为农业院校相关专业师生参考（培训）用书。

　　在此向为本书的编写直接提供资料的鲁宁、张永庆、廖斌、李鹏飞，以及本书所引用其他资料的作者表示最诚挚的谢意！

　　由于作者水平有限，书中的缺点乃至错误在所难免，恳请广大读者和同仁批评指正，以便再版时改正。

孙卫东

目　录

序
前言

第一章　走进鸡场

第二章　鸡被皮、运动、神经系统疾病的诊断

第三章 鸡呼吸系统疾病的诊断

第四章 鸡消化系统疾病的诊断

第五章 鸡心血管系统疾病的诊断

第六章　鸡泌尿生殖系统疾病的诊断

第七章　鸡免疫抑制和肿瘤性疾病的诊断

第八章 鸡场疾病的综合防治策略

附 录

参考文献

第一章

走进鸡场

鸡场外环境的观察

　　鸡场的选址除了符合国家的法律法规要求外，应有利于节省土地，即利用山地（见图1-1）、林地（见图1-2）等非农耕地进行鸡场建设，应有利于防疫，即利用河流、自然林木等形成天然的隔离带（见图1-3）；应有利于运输，即养鸡场交通要相对便利，方便物资、产品运输，降低运输成本（见图1-4）；应有利于保护环境，即与周边的种植业相结合，建立科学合理的养殖小区，加强粪便、污水的统一处理（见图1-5和图1-6）；应避免在地势低洼处建立鸡场（见图1-7）。

图1-1　山地养鸡

图 1-2　林地养鸡

图 1-3　利用河流作为鸡场的天然隔
　　　　离带

图 1-4　建设有利于鸡场运输的
　　　　道路

图 1-5　与周围的种植大棚合理配
　　　　置建立鸡场

图 1-6　与周围的农田配套建立鸡场

图 1-7　在地势低洼处建立的鸡场

第二节 进入鸡场，了解鸡群

一、进入鸡场

1.进入鸡场的运输工具的消毒

在鸡场区入口处设置与门同宽、长4m、深0.3m以上的消毒池，上方、两侧配备车辆喷雾消毒设施（见图1-8）；或在鸡场进出口设立压力感应喷雾消毒设施（见图1-9）。

孙卫东 摄

图1-8 进入鸡场的车辆消毒通道

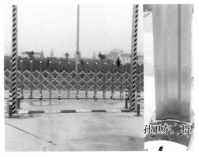

孙卫东 摄

图1-9 进入鸡场的车辆压力感应喷雾消毒通道（右侧为局部放大的喷雾装置）

2.进入鸡场人员的消毒

鸡场饲养管理人员及进出人员是流动的媒介，为防止病原微生物的感染与传播，达到预防鸡疫病（传染病与寄生虫病）的目的，必须按鸡场事先拟定的消毒制度进行严格消毒（见图1-10）。

二、鸡场内环境的观察

1.鸡舍的排列布局

鸡舍的排列要根据地形地势、鸡舍的数量和每栋鸡舍的长度等设计为单列或双列（见图1-11）。不管哪种排列，净道（见图1-12）与污道（见图1-13）要严格分开，不能交叉。

孙卫东 摄

进入鸡场门前的消毒垫

孙卫东 摄

进入鸡场通道的顶部消毒

孙卫东 摄

洗手消毒设施

孙卫东 摄

进入养殖区的消毒通道

孙卫东 摄

进入养殖区人员的淋浴设施

孙卫东 摄

淋浴后穿上鞋套

图 1-10 进出鸡场人员的消毒

孙卫东 摄

穿上胶靴和隔离服进入养殖区

孙卫东 摄

进入鸡舍前再次消毒

图 1-10 进出鸡场人员的消毒（续）

2. 鸡舍的间距

开放式鸡舍间距达到鸡舍高度的 3 ~ 5 倍时才能满足防疫、日照、通风、消防等要求，若过小则不利于疫病的防控（见图1-14）。日照、通风等因素对密闭式鸡舍的影响不大，可适当缩小鸡舍间距（见图1-15）。

3. 鸡场内的绿化

不提倡鸡场内种植高大树木，多数种植灌木、草坪等进行绿化（见

孙卫东 摄

图 1-11 俯瞰排列整齐的鸡舍

图 1-12 鸡场的净道

孙卫东 摄

图 1-13 鸡场的污道

5

图 1-16），但不能产生花粉、絮状物等；也可栽种一些蔬菜（见图 1-17）等。

图 1-14 鸡舍的间距过小

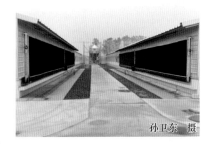

孙卫东 摄

图 1-15 密闭式鸡场的鸡舍间距可适当缩小

图 1-16 鸡场内的绿化

孙卫东 摄

图 1-17 鸡场内种植的绿色蔬菜

4. 鸡场内的监控

包括整个鸡场的监控（见图 1-18）和鸡舍内部的监控（见图 1-19）。

三、鸡舍周边的巡查

1. 鸡舍之间的环境

应除去鸡舍之间的杂草，保持其整洁、干净（见图 1-20），或利用天然河流将其隔离开来（见图 1-21）。不能无视鸡舍之间的杂草丛生（见图 1-22）或将鸡场废弃物随意堆放（见图 1-23）。鸡舍之间禁止饲养其他家禽（如鸭、鹅等）（见图 1-24）。

图 1-18　整个鸡场的监控

图 1-19　鸡舍内部的监控

图 1-20　除去鸡舍之间的杂草，保持
　　　　整洁、干净

图 1-21　鸡舍之间利用天然的河流进
　　　　行阻隔

图 1-22　鸡舍之间杂草丛生

图 1-23　鸡舍之间丢弃的杂物

2.鸡舍的供水设施

水是鸡最需要的物质之一,故鸡场必须重视鸡饮水的水质和水量,确保水塔、水罐坚固、耐用(见图1-25)。做好水塔(水罐)夏季遮阴(见图1-26)、冬季保暖工作,避免让鸡喝温度过高或过低的水。定期做好水塔、水线的消毒工作,避免水源性疾病的传播。

3.鸡舍的排水设施

在距鸡舍墙角30～50cm处设置排水沟(见图1-27),这样有利于及时

图1-24 鸡场内鸡舍之间饲养的
其他家禽

排出积水;若无排水沟或排水沟排水不畅(见图1-28),则鸡舍外的积水易渗入鸡舍内部。

图1-25 坚固的水塔(右为水塔的墙壁受到侵蚀)

4.鸡舍的通风和排烟设施

应定期检查鸡舍的温控设施,定期检查风扇的运转情况(见图1-29),避免因风扇故障而引起鸡舍内通风不足。检查排烟管是否漏烟,以及排烟管与鸡舍屋檐的距离(见图1-30),防止烟倒灌或发生火灾。

孙卫东 摄

孙卫东 摄

图 1-26　室外的水罐缺乏遮阴和保暖设施

孙卫东 摄

孙卫东 摄

图 1-27　设置良好的排水沟

图 1-28　设置不良的排水沟

5.鸡舍的防敌害措施

在鸡舍的外围留出至少2m的开放地带，因为鼠类一般不会穿越如此宽的空间。做好鸡舍墙壁的堵漏工作（见图1-31），防止老鼠、黄鼠狼等进入鸡舍。在鸡舍的窗户上设置防鸟网（见图1-32），以防野鸟进入鸡舍内部（见图1-33）。在鸡场内做好灭蝇（见图1-34）工作，为鸡营造良好的生活环境。

图1-29　定期检查风扇的运转情况

距离太近

距离合理

图1-30　排烟管与鸡舍屋檐的距离

图1-31　做好鸡舍墙壁的堵漏工作

图 1-32　在鸡舍的窗户上设置防鸟网

孙卫东　摄

图 1-33　严防野鸟进入鸡舍

孙卫东　摄

养鸡场过道及粪便上的苍蝇

孙卫东　摄

堆放饲料等储藏间内的苍蝇

孙卫东　摄

灭杀的苍蝇

图 1-34　定期消灭养鸡场内的苍蝇

四、鸡舍内的巡查

1. 查看生产记录和规章制度

从养鸡场的生产记录中可以发现有价值的信息，这些信息有助于我们了解鸡群的免疫、用药（见图1-35、图1-36）、鸡群目前的生产性能（见图1-37）及异常变化等。查看鸡舍内的相关规章制度是否张贴于墙（见图1-38），并严格执行。

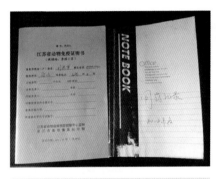

图1-35 鸡场的免疫和用药记录

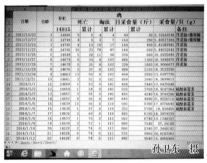

图1-36 鸡场的用药情况记录

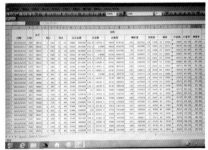

图1-37 鸡群的生产性能记录

图1-38 鸡场的规章制度张贴于墙

2. 观察鸡群的表现

进入鸡舍，遵循先整体后个体、再从个体到整体的观察顺序，安静地观察鸡群15min，而不是走马观花。平时还要随机抓一些鸡进行观察或评估，只有这样，才能捕捉到鸡的异常行为变化，是平静还是躁动（见

图 1-39），是否精神沉郁、食欲下降（见图 1-40），是否张口呼吸且（或）伴有呼吸音的变化（见图 1-41）等。

孙卫东 摄　　　　　　　孙卫东　摄

图 1-39　健康肉鸡群（左）和蛋鸡群（右）的平静状态

孙卫东 摄　　　　　　　孙卫东　摄

图 1-40　观察鸡群中是否有精神沉郁（左）和食欲下降（右）的鸡

孙卫东　摄　　　　　　　孙卫东 摄

图 1-41　鸡群张口呼吸且（或）伴有呼吸音的变化

3.检查鸡舍内设施的运转情况

检查料塔、料线的投料情况（见图1-42），饲料在鸡场内的堆放情况（见图1-43）。料盘、料槽、料桶内饲料的形态（见图1-44）、洒出（见

孙卫东 摄　　　　　　　　　孙卫东 摄

图1-42　检查料塔、料线的投料情况

孙卫东 摄　　　　　　　　　孙卫东 摄

堆放的饲料离墙壁太近

图1-43　饲料的堆放情况

孙卫东 摄　　　　　孙卫东 摄

堆放的饲料下缺乏垫板

图 1-43　饲料的堆放情况（续）

图 1-45）、剩余、清除情况；检查水线、水壶的压力及出水情况（见图 1-46）、水线和水壶是否漏水、弄湿垫料（见图 1-47）；检查水壶的清洁程度（见图 1-48）；检查垫料的干燥程度（见图 1-49）、垫网的粗糙程度（见图 1-50），或鸡笼的完整性情况；检查粪便的形态、数量及粪便内混合物的情况；检查鸡舍内光照系统（见图 1-51）；检查监控设施的探头及监控仪表（见图 1-52）、墙壁的挡风板（见图 1-53）、天窗（见图 1-54）、风机（见图

孙卫东 摄　　　　　孙卫东 摄

料线上料盘中饲料的形态　　　　　料桶中饲料的形态

图 1-44　料盘、料桶中饲料的形态

1-55）、湿帘（见图 1-56）、水线上的加药器（见图 1-57）、保温设施（见图 1-58）等是否能正常运转等。此外,应对鸡场的配电机组（见图 1-59）、消防安全设施（见图 1-60）做定期的检查。

图 1-45　料桶的饲料洒出

图 1-46　检查水线和水壶的压力

4. 病鸡的隔离

对病鸡进行及时的淘汰、隔离和治疗（见图 1-61）,有助于疾病的控制。

五、商品肉鸡场的配套设施和设备

商品肉鸡场的配套设施和设备可参照表 1-1 和表 1-2 准备并执行。

图 1-47　水线和水壶漏水、弄湿垫料

垫料过少

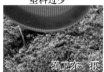

正常垫料　　　垫料发黑、霉变

图 1-48　水壶外被污染、不洁净　　　　　图 1-49　检查垫料

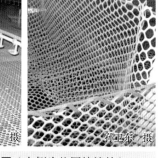

图 1-50　检查垫网（右侧为垫网接缝处）

17

孙卫东 摄

孙卫东 摄

图 1-51 鸡舍的光照系统（左）灯泡上的灰尘（右）

孙卫东 摄

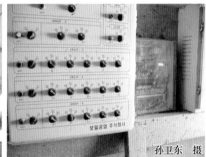
孙卫东 摄

图 1-52 检查监控设施的探头及监控仪表

孙卫东 摄

孙卫东 摄

图 1-53 检查墙壁的挡风板

图 1-54 检查鸡舍顶部的天窗（左）和风机（右）

图 1-55 检查风机

图 1-56 检查湿帘

图 1-57 检查水线上的加
药器

图 1-58　鸡舍内的燃气加热器（左）和热风炉（右）

图 1-59　检查鸡场的配电机组

图 1-60　检查鸡场的消防安全设施

图 1-61　病鸡的隔离

表 1-1　商品肉鸡场设备设施配套简表 1

名　称	设备型号	每栋鸡舍数量	肉鸡场设备设施配置				备注
			15万只	10万只	5万只	3万只	
架棚 447.2m²	钢制	2架	24架 10733 m²	16架 7155 m²	10架 4472 m²	6架 2683 m²	
喂料系统 自动料线	含杆秤	4条	48	32	20	12	自动料线电机功率0.75kW，主料线电机功率1.5kW
主料线		1条	12	8	5	3	
料塔		0.5台	6	4	3	2	
饮水系统 自动水线		4条	48	32	20	12	
塑料水桶	600L	1个	12	8	5	3	
水桶支架		1个	12	8	5	3	
加药器		1台	12	8	5	3	
纵向通风系统 纵向通风机	FVF-T 1250	6台	72	48	30	18	配电机 0.852kW
水帘	3600×1800	4组	48	32	20	12	
横向通风系统 侧进风口	620×250	35个	420	280	175	105	
自动铰链		1套	12	8	5	3	
横向风机	φ500	5台	60	40	24	14	
光照系统 照明线路（含灯）		4条	48	32	20	12	
照明控制箱		1台	12	8	5	3	

（续）

名　称		设备型号	每栋鸡舍数量	肉鸡场设备设施配置				备注
				15万只	10万只	5万只	3万只	
采暖系统	燃烧炉	大号	16个	192	128	76	44	配动力 0.75kW
	引风机		1台	12	8	5	3	
	烟囱	φ300		12条 1032m	8条 688m	5条 412m	3条 240m	
自动系统			1套	12	8	5	3	
工器具	高压清洗机		1台	12	8	5	3	
	粪车		2辆	24	16	10	6	
	铁锹		3把	36	24	15	9	
	铁簸箕		3把	36	24	15	9	
	扫帚		3把	36	24	15	9	
	手钳		1把	12	8	5	3	
公用系统	变压器	S9		S9160 1台	S9100 1台	S980 1台	S950 1台	
	发电机组			50kW 1台	50kW 1台	30kW 1台	30kW 1台	
	供电系统			1套	1套	1套	1套	
	供水系统			1套	1套	1套	1套	
	压力罐			6m² 1台	6m² 1台	4m² 1台	2m² 1台	
	紫外线杀菌器			1	1	1	1	
	火焰喷射器			6	4	2	1	
	小客货车			1	1			

表 1-2　商品肉鸡场设备设施配套简表 2

（解剖室、焚烧炉、饲料库、消毒室）

名　　称		设备型号	肉鸡场设备设施配置				备注
			3万只	5万只	10万只	15万只	
解剖室	解剖台		1个	1个	1个	1个	
	手术刀	含刀片	1把	1把	2把	2把	
	解剖盘		2个	2个	3个	4个	
	垃圾桶		1个	1个	1个	1个	
	清水桶		1个	1个	1个	1个	
	消毒药		2瓶	2瓶	2瓶	2瓶	
	洗手盆						
	毛巾、肥皂		1套	1套	1套	1套	
焚烧炉	焚烧间		1个	1个	1个	1个	
	燃料		1宗	1宗	1宗	1宗	
	煤锹		1个	1个	1个	1个	
饲料库	颗粒机		1台	1台	1台	1台	
	垫板		1组	1组	1组	1组	
	铁锹		2张	2张	2张	2张	
	筛子		1个	1个	1个	1个	
	台秤		1台	1台	1台	1台	
	控制系统		1套	1套	1套	1套	
	笤帚		2把	2把	2把	2把	
	铁簸箕		1个	1个	1个	1个	

（续）

名　　称		设备型号	肉鸡场设备设施配置				备注
			3万只	5万只	10万只	15万只	
消毒室	消毒喷淋系统		1套	1套	1套	1套	
	水泵		1台	1台	1台	1台	
	消毒液水桶		1个	1个	1个	1个	
	条椅		2把	3把	4把	5把	
	更衣柜		3个	4个	5个	6个	
	垃圾桶		1个	1个	1个	1个	
	迎检物品	工作服	10套	10套	10套	10套	
		工作鞋	10双	10双	10双	10双	
		帽子	10顶	10顶	10顶	10顶	
		鞋套	10双	10双	10双	10双	
		口罩	10个	10个	10个	10个	

第二章

鸡被皮、运动、神经系统 疾病的诊断

鸡全身分为头、颈、躯干、尾和附肢五部分。全身皮肤的大部分区域覆有羽毛。皮肤在一定部位形成皮肤褶，在翼部有翼膜，肩部与腕部之间为前翼膜，腕部后方的为后翼膜。皮肤的衍生物包括羽毛、鸡冠、肉髯、耳叶、喙、距、爪等，无汗腺和皮脂腺，在尾部的背侧有尾脂腺。鸡的外貌特征见图 2-1。

健康的鸡精神饱满、活泼，行动敏捷（见图 2-2a），翅膀自然紧贴躯干，羽毛整洁、富有光泽（见图 2-2b）；健康的鸡勤于觅食和饮水（见图 2-2c 和图 2-2d），产蛋和生长性能良好（见图 2-2e 和图 2-2f）；健康的鸡头伸缩富有弹性，嘴角清洁干净，眼睛干净且灵活有神，嗉囊不胀不硬，胸部肌肉丰满；健康的鸡呼吸自然，鸣声长而响亮，泄殖腔周围干净无污迹。

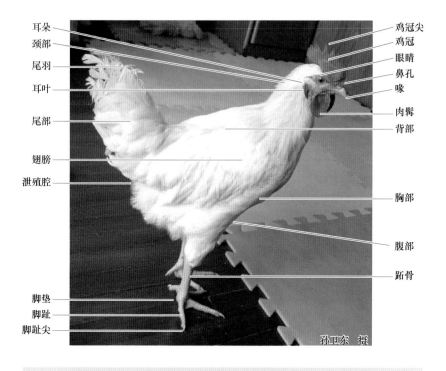

耳朵
颈部
尾羽
耳叶
尾部
翅膀
泄殖腔
脚垫
脚趾
脚趾尖

鸡冠尖
鸡冠
眼睛
鼻孔
喙
肉髯
背部
胸部
腹部
跗骨

孙卫东　摄

图 2-1　鸡的外貌特征

孙卫东　摄　　　　　　　　　　　　　孙卫东　摄

a) 精神饱满、活泼，行动敏捷　　　　　　b) 羽毛整洁、富有光泽

图 2-2　健康鸡的临床表现

c) 勤于觅食和饮水1

d) 勤于觅食和饮水2

e) 产蛋性能良好

f) 生长性能良好

图 2-2 健康鸡的临床表现（续）

第一节 鸡被皮、运动、神经系统疾病的发生

一、鸡被皮系统解剖生理特点

鸡的皮肤薄，皮下组织疏松，利于羽毛活动；皮肤在翼部形成皮肤褶，称为翼膜，用于飞翔；皮肤表面有点状的羽毛囊凸出（见图 2-3）。尾部具有尾脂腺，分为左右两叶（见图 2-4），分泌物用喙压出并涂布在羽毛上，起润泽作用。

鸡冠　耳垂　　颈部　　　　翅部 背部　　　　尾脂腺尾部

孙卫东　摄

泄殖腔
腹部
大腿部

跖骨

喙　肉髯　　　　　　　　胸部　　　　小腿部　　脚趾（爪）

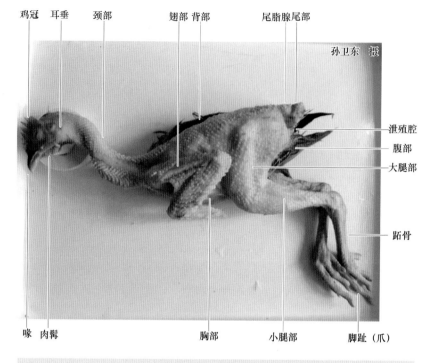

图2-3　鸡的皮肤

　　鸡体表除喙与跖骨、趾爪外，全身皮肤的大部分区域有羽毛，称为羽区；有些部位无羽毛，称为裸区。裸区对飞翔、散热有利。鸡的羽区和裸区见图2-5。

　　羽毛是皮肤的衍生物，羽毛有一根羽轴，羽轴又分为羽根和羽干两部分，羽根着生在皮肤的羽囊内，羽干两旁是由许多羽枝构成的羽片。羽毛按结构分为真羽、绒羽和发羽。真羽为被覆在体表的大型羽毛，有羽轴和羽片，包括飞羽（分布在翅膀上的正羽，对飞翔起决定性作用）和尾羽（分布在尾部的正羽，作用如同船舵，起平衡作用，羽小枝上的钩与槽相互连接使羽毛编织成紧密结实、弹性较强的羽片）两种。绒羽为朵状，有羽轴和细长的丝状羽枝，密集分布在正羽下面，羽小枝上无钩和槽。发羽为夹着在其他羽毛之间的毛羽。鸡羽毛的分类及形态见图2-6。

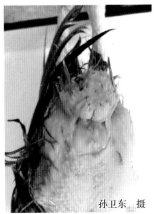

孙卫东 摄 孙卫东 摄

图 2-4 鸡的尾脂腺（右图为其解剖图，分左右两叶）

孙卫东 摄 孙卫东 摄

公鸡的羽区和裸区 母鸡的羽区和裸区

图 2-5 鸡的羽区和裸区

二、鸡运动系统解剖生理特点

鸡的运动系统由肌肉、骨骼和关节构成，受神经系统的支配，完成机体的协调运动。鸡全身的肌肉包括皮肌、头部肌、颈部肌、躯干肌、肩带肌、翼肌、盆带肌和腿部肌肉。鸡的浅表肌肉见图2-7。肌肉的纤维较细，分为白肌纤维（如胸肌）、红肌纤维及中间型肌纤维，肌肉内部没有脂肪分布。

飞羽　　尾羽　绒羽　发羽

羽片

羽轴

孙卫东　摄

图 2-6　鸡羽毛的分类及形态

复肌　颈升肌　　翼膜长肌 背阔肌 髂肌外侧肌前部
　　　　　　　　　　　　　髂股前肌

胫骨前肌
髂股外侧
肌后部
腓骨长肌
大腿外
侧曲肌
尾提肌

翼（翅）部肌肉　胸肌　　髂股肌 腓肠肌

孙卫东　摄

图 2-7　鸡的浅表肌肉

鸡的骨骼包括头骨、颈椎骨、躯干骨、前肢骨、后肢骨，见图 2-8，骨骼的骨密质致密，且有很多含气骨，因此鸡骨硬度大、重量轻。幼年鸡，大部分骨内都有骨髓；成年鸡，除翼和后肢的部分骨外，多数骨髓被空气代替，称为含气骨。鸡骨在发育过程中不形成骨骺，骨通过骨端软骨增生和骨化加长。

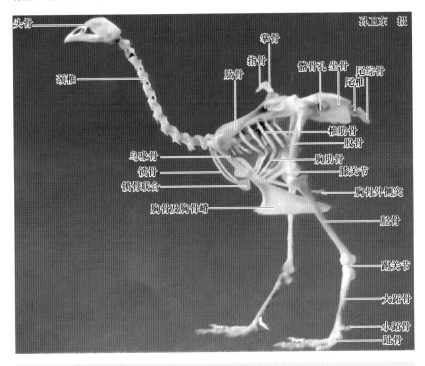

图 2-8　鸡的骨骼

三、鸡神经系统解剖生理特点

鸡的神经系统由中枢神经系统和周围神经系统两部分组成。中枢神经系统包括脑和脊髓。脑分为端脑、间脑、小脑和脑干四部分，端脑包括大脑和嗅球。中枢神经系统见图 2-9。周围神经系统包括脑神经、脊神经和植物神经。脑神经共有 12 对，主要支配头面部器官的感觉和运动。脊神经共有 30 余对，主要支配身体和四肢的感觉、运动和反射。植物神经主要分布于内脏、心血管和腺体。植物神经分为交感神经和副交感神经，它们组成一个配合默契的有机整体，使内脏活动能适应内外环境的需要。

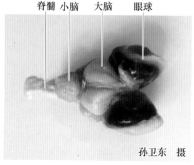

脊髓 小脑 大脑 眼球

孙卫东 摄

脑背侧

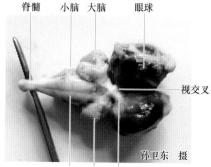

脊髓 小脑 大脑 眼球

视交叉

孙卫东 摄

延髓 中脑丘部 视神经
脑腹侧

图2-9 鸡的中枢神经系统

四、鸡被皮、运动、神经系统疾病发生的因素

（1）**生物性因素** 生物性因素包括病毒（如禽脑脊髓炎病毒、新城疫病毒、禽流感等）、细菌（如脑炎性大肠杆菌、沙门氏菌、鼻气管鸟杆菌等）等。这些因素除引起神经系统病变外，还引起鸡的运动障碍。此外，一些病毒、细菌等均可引起鸡的被皮系统损害和运动障碍；如鸡病毒性关节炎引起的腓肠肌断裂，大肠杆菌、葡萄球菌、链球菌、巴氏杆菌、滑液囊支原体等感染引起的关节炎或脚垫炎；一些引起鸡呼吸困难的疾病或引起鸡贫血的疾病还可引起鸡皮肤颜色的变化。

（2）**营养因素** 如维生素E、B族维生素（维生素B_1、维生素B_2）缺乏等不仅可引起鸡神经系统的损害，也会引起鸡的运动障碍；维生素D缺乏或钙磷缺乏可引起雏鸡的佝偻病或成鸡的骨软症；生物素（维生素B_7）缺乏可引起鸡的皮肤损害（红掌病）；锰缺乏可引起鸡的骨短粗

孙卫东 摄

图2-10 圈养鸡的水线漏水导致垫料潮湿

症；饲料中维生素 A 缺乏、动物蛋白含量过高、高钙等可引起鸡的关节型痛风，也可引起鸡的运动障碍。

（3）饲养管理因素　垫料内含尖锐的异物或垫网粗糙引起鸡脚垫或关节的损伤；圈养鸡水线漏水（见图 2-10）或水壶固定不牢固（见图 2-11）、漏水导致垫料潮湿；散养鸡运动场积水（见图 2-12）、潮湿；鸡的脚趾形成泥球（见图 2-13）等会引起鸡的运动障碍。

（4）中毒因素　如食盐中毒，不仅会引起鸡的脑水肿和颅内压升高，也会引起鸡的运动障碍等。

（5）其他因素　如夏季高温时，鸡舍通风不良或突然停电等引起鸡的中暑（热应激）等。

图 2-11　圈养鸡的水壶固定不牢固、漏水导致垫料潮湿

图 2-12　饲养场地不能及时排出积水

图 2-13　鸡的脚趾形成泥球

<table>
<tr><td>第二节</td><td>鸡常见被皮系统典型临床症状、病理剖检变化及其相对应的疾病</td></tr>
</table>

一、喙的异常

鸡的喙为锥形体，是皮肤的衍生物，质硬、色黄。

1）喙的颜色变化：喙的色泽变浅（见图2-14），常见于消化吸收不良、某些慢性传染病（如鸡马立克氏病）、寄生虫病（如鸡球虫病、绦虫病）以及营养代谢病（如维生素E、硒缺乏症）等；喙色紫黑，表现为鸡的喙和脚趾颜色变成紫色或紫黑色，多见于喹乙醇中毒、雏鸡中暑（热应激）等；喙色变蓝，多见于鸡舍较长时间断水引起的机体脱水。

孙卫东 摄　　　　孙卫东 摄　　　　孙卫东 摄

喙的基部色浅　　　整个喙变白　　　　健康喙

图2-14　喙的颜色变化

2）橡皮喙：表现为喙柔软如橡皮一样富有弹性，可弯曲成相应的形状（见图2-15），常见于雏鸡佝偻病，也可见于腹泻或肠道寄生虫感染所致的钙磷吸收障碍。

3）断喙不当：包括喙的灼伤，表现为喙上有一些结痂，见于喙被热的物质（如烙铁）或化学物质灼伤；断喙处的感染结痂；蛋鸡上喙过短或下喙过长，多由断喙时所切位置不当所致。鸡的断喙及断喙出现的一些情况见图2-16。

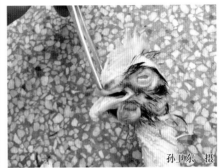

图 2-15 橡皮喙

鸡的断喙操作

断喙良好的鸡

断喙温度过高

断喙温度过高且断喙过多

图 2-16 鸡的断喙及断喙后出现的临床表现

孙卫东 摄
断喙温度过高且偏向一侧

孙卫东 摄
断喙偏向一侧

孙卫东 摄
断喙过少

孙卫东 摄
断喙良好的鸡成年后喙的形态

图 2-16　鸡的断喙及断喙后出现的临床表现（续）

4）喙交叉畸形：多因遗传因素所致，此种鸡宜淘汰。

二、鸡冠、肉髯、耳垂的异常

鸡冠、肉髯及耳垂是鸡身体上无羽毛的部位，是由皮肤褶所形成的。健康鸡的鸡冠、肉髯、耳垂的颜色鲜红、光滑且富有光泽。

1）鸡冠、肉髯及耳垂的颜色变浅，甚至苍白（见图 2-17）：这是病鸡贫血引起的结果，多见于鸡卡氏住白细胞虫病（白冠病）、鸡马立克氏病、鸡淋巴白血病、鸡传染性贫血、鸡结核病、鸡伤寒、鸡副伤寒、慢性鸡白痢、严重的绦虫病、蛔虫病、鸡的内出血（如肝脏破裂）、饲料中某些微量元素（如铁、钴）的缺乏，但产蛋高峰期的健康鸡有时也可见到这种变化。

2）鸡冠、肉髯及耳垂的颜色发绀或发紫（见图 2-18）：这是病鸡发生呼吸困难导致缺氧的结果，多见于高致病性禽流感、新城疫、急性禽霍乱、鸡盲肠肝炎、鸡有机磷农药中毒、鸡亚硝酸盐中毒、鸡喹乙醇中毒、鸡亚硒酸钠中毒、中暑（热应激）、肉鸡腹水综合征等，但应注意与鸡笼导致的机械性损伤引起的颜色变深（见图 2-19）相区别。

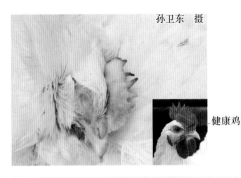

图 2-17 鸡冠和肉髯苍白

图 2-18 鸡冠和肉髯发绀

图 2-19 鸡笼间隙较小导致鸡的颜面部颜色变深

3）鸡冠、肉髯呈樱红色：见于鸡一氧化碳中毒。

4）鸡冠肿胀，有溃疡和结痂：表现为病鸡的鸡冠肿胀变厚、有溃疡和结痂（见图 2-20），剥去结痂后显露出鲜红的溃疡面，或直接看到肿胀的鸡冠上有溃疡的凹陷，多见于鸡痘、鸡葡萄球菌病，也见于鸡群争斗、鸡笼带刺后留下的损伤（见图 2-21）。

5）鸡冠、肉髯出血：表现为在鸡冠、肉髯和面部可见数量不一、呈红色或紫红色甚至紫黑色的斑点或条状出血，多见于鸡的磺胺类药物中毒。

6）鸡冠尖端发紫或出血：表现为在鸡冠的冠尖发紫、出血甚至坏

郎应仁 摄　　　　　　　　　郎应仁 摄

图 2-20　鸡冠上的疱疹（左）和结痂（右）

死（见图 2-22），多见于高致病性禽流感、鸡喹乙醇中毒。若在冠尖出血的同时，鸡冠苍白无血色，则见于鸡的磺胺类药物中毒。

孙卫东 摄

图 2-21　鸡冠的损伤与结痂

7）冠癣：表现为在鸡冠、肉髯等头部的皮肤上产生灰白色的小结节，后逐渐扩大至米粒大小并不断蔓延，以致整个头部覆盖一层黄白色鳞片状结痂，呈白色斑点或斑块状，皮肤肿胀渗出甚至糜烂，严重时可蔓延到其他有毛处，导致羽毛脱落、皮肤增厚，多见于鸡皮肤真菌病。

8）肉髯肿大、肥厚：肿胀的肉髯，外观厚度显著增加、边缘呈钝圆状（见图 2-23），多见于慢性禽霍乱、鸡传染性鼻炎（尤其是公鸡）、鸡黄脂瘤病、鸡的类脂肪中毒、鸡结核菌素试验阳性，也可见于肉鸡肿头综合征、鸡马立克氏病在肉髯上形成的肿瘤。

9）鸡冠、肉髯发育不良或缩小（见图 2-24）：多见于鸡马立克氏病、鸡淋巴白血病或其他肿瘤性疾病、严重的寄生虫病、蛋白质缺乏症等。

10）鸡冠倾倒（见图 2-25）：多见于去势的公鸡和停产母鸡。

孙卫东 摄

孙卫东 摄

图 2-22 鸡冠尖端发紫、出血和坏死

孙卫东 摄

图 2-23 病鸡的肉髯肿胀

孙卫东 摄

图 2-24 鸡冠和肉髯发育不良或缩小

孙卫东 摄

图 2-25 鸡冠倾倒

三、眼睛的异常

鸡的眼睛包括上下眼睑、第三眼睑以及眼球等。

1）眼结膜充血、潮红（见图 2-26）：多见于鸡的急性热性传染病，偶见于眼睛外伤。若眼结膜有出血斑点则多见于禽流感。

2）眼结膜苍白：其临床诊断同"鸡冠、肉髯及耳垂的颜色变浅，甚至苍白"的内容。

3）眼睑肿胀、有黏性或脓性分泌物：病鸡外观眼睑肿胀，眼内有黏性分泌物，眼睑被粘连（见图 2-27），强行翻开眼睑可见内有水样或干酪样物积聚（见图2-28），严重的会导致眼睛失明（见图2-29）。多见于鸡大肠杆菌病眼炎型、鸡败血支原体病、鸡传染性鼻炎、温和型传染性喉气管炎、慢性禽霍乱、衣原体眼炎，也可见于鸡舍内福尔马林气体、煤油燃烧气体以及氨气的刺激，嗜眼吸虫病等。

图2-26　病鸡的眼结膜充血、潮红

图2-27　病鸡眼睑肿胀，眼睑粘连

图2-28　强行翻开病鸡的眼睑，见有水样或干酪样物流出

图2-29　严重的病鸡眼球混浊导致眼睛失明

　　4）肿胀、有干酪样渗出物：若渗出物在瞬膜下形成球状干酪样物，见于雏鸡霉菌性眼炎；若眼结膜内有隆起的小溃疡灶及不易剥离的豆腐渣样渗出物，见于白喉型鸡痘；眼结膜内有黄白色凝块，甚至眼睛瞳孔部位的组织发生变性、坏死，混浊不透明或呈灰白色，完全失明，见于鸡维生素A缺乏症。

5）流泪：表现为眼睛流淌水样液体（见图2-30），有的眼睛周边积有污物。多见于急性维生素A缺乏症、鸡毒支原体感染（带泡沫状的眼泪）（见图2-31）、温和型传染性喉气管炎、传染性支气管炎、禽流感、鸡舍内氨气刺激、一氧化碳中毒等。此外，在接种传染性喉气管炎疫苗后的个别鸡也可发生这种情况。

图2-30　病鸡流泪

图2-31　病鸡眼流泡沫状的眼泪

6）虹膜褪色、瞳孔病变：若眼睛的虹膜发生同心环状或点状褪色，后出现弥散性灰色混浊变化（见图 2-32），导致瞳孔边缘不整齐，呈锯齿状，瞳孔变小，多见于鸡眼型马立克氏病；若一侧或两侧的眼睛瞳孔部位的组织颜色变浅或发生混浊，似白内障，内可见絮状物，瞳孔扩大，眼睛失明，瞳孔反射消失，多见于禽脑脊髓炎的康复鸡；若病鸡仅为瞳孔缩小，则见于鸡有机磷农药中毒。

孙卫东　摄

图 2-32　病鸡的虹膜褪色

7）角膜混浊（见图 2-33）：当雏鸡眼睛的角膜出现云雾状混浊、发白的现象时，多见于鸡白痢；若出现角膜损伤，多见于氨气灼伤、鸡维生素 A 缺乏症。

8）眼切迹综合征（见图 2-34）：表现为眼睑上出现一个小痂或糜烂，然后发展成裂纹，一侧还贴附着一小片肉，多见于笼养产蛋鸡，目前病因不清。

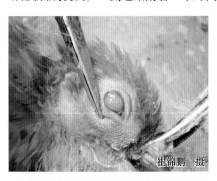

崔锦鹏　摄

图 2-33　病鸡的角膜混浊

孙卫东　摄

图 2-34　鸡的眼切迹综合征

四、胸部囊肿

表现为胸部的突出部位有明显的肿胀（见图 2-35），切开皮肤，可见到呈胶冻样或脓性（干酪样的）囊肿（见图 2-36），多见于鸡滑液囊支原体（可见胸骨滑液囊炎症）、巴氏杆菌、葡萄球菌（化脓性炎症）、大肠杆菌等的感染。其原因主要是由于鸡运动场地面不平整或垫料内有硬刺，垫网（鸡笼）面不光滑或带有小刺，或料槽太低（未根据鸡的生长及时抬高料线或垫高料桶）使鸡长期卧地吃料等引起的胸部损伤。

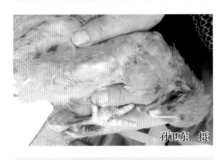

图 2-35　病鸡的胸部突出部位有明显的肿胀

图 2-36　切开病鸡的胸部囊肿，可见脓性（干酪样的）渗出物

五、腹部的异常

1）腹部膨大、下垂：病鸡因腹部膨胀，鸡头抬高、腹部下垂，两腿叉开，呈"企鹅"站立姿势（见图 2-37），是腹腔中积聚了大量液体的结果。多见于肉鸡腹水综合征、慢性黄曲霉毒素中毒引起的肝腹水、传染性支气管炎等引起的蛋鸡输卵管囊肿、蛋鸡的卵巢腺癌所致的腹水、呋喃类药物慢性中毒等。

2）雏鸡脐炎：表现为雏鸡脐带发炎，脐孔开张（见图 2-38）、脐部红肿，腹部变色、膨大。重症病例可见脐部皮肤溶解、湿润并可黏附一些脏污或形成结痂（硬脐）（见图 2-39）。剥去皮肤，皮下有胶冻样渗出物，或有充血、出血等变化，同时可见到未被吸收的变色或干酪样的卵黄（见图 2-40）。当出壳的雏鸡多数发生脐带炎时，多见于雏鸡在胚胎期或出壳后未愈合脐带感染了沙门氏菌、大肠杆菌、葡萄球菌或绿脓杆菌等。

3）腹部蜷缩：表现为腹部缩小、干燥、发凉、失去弹性，多见于禽结核病、鸡白痢、鸡马立克氏病、鸡盲肠肝炎、鸡蛔虫病、鸡绦虫病、鸡吸虫病等。

图 2-37 病鸡腹部膨大下垂，头颈高举，行走时呈"企鹅"状姿势

图 2-38 雏鸡脐炎，脐孔开张、脐部红肿

图 2-39 雏鸡脐炎（右为剖检病变）

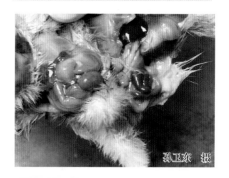

图 2-40 雏鸡的卵黄变成墨绿色

六、腿脚的变化

1）腿脚鳞片出血、发红：表现为病鸡腿脚出血的鳞片变成一片红色、紫红色，甚至出现紫黑色的出血点或斑块（见图 2-41）。多见于高致病性禽流感。

2）腿脚苍白：是鸡皮肤色素沉积不良和贫血导致发病鸡的腿脚鳞皮外观变得苍白（见图 2-42）。多见于鸡球虫病、饲料中维生素 A 源不足（如用白玉米替代黄玉米）等。

3）脚垫、脚趾高度红肿、化脓或溃疡结痂：有的病鸡脚垫（脚趾）红肿，切开肿胀部位可见脓性物质；有的病鸡的脚垫（见图 2-43）或脚趾（见图 2-44）已经破溃，爪底出现糜烂或结痂，剥去痂皮后显露出鲜红的溃疡面。

多见于鸡滑液囊支原体、大肠杆菌、葡萄球菌感染。

图 2-41　病鸡跖骨和脚趾鳞片出血

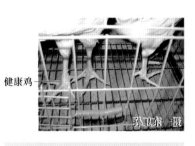

图 2-42　病鸡的腿脚鳞片发白

图 2-43　病鸡的脚垫损伤、结痂

图 2-44　病鸡的脚趾损伤、结痂

4）脚垫出血（见图 2-45）：多见于鸡马立克氏病引起的血管瘤、维生素 K 缺乏、双香豆素中毒等，也见于鸡脚垫的外伤（见图 2-46）。

5）脚趾干枯（见图 2-47）：多由鸡腹泻、饮水不足等引起。

七、羽毛的变化

1）羽毛蓬松、污秽、无光泽：这是营养缺乏和体质虚弱的一种表现。多种传染病（如鸡副伤寒、慢性禽霍乱、鸡大肠杆菌病等）、寄生虫病（如鸡绦虫病、鸡蛔虫病、鸡吸虫病等）、营养代谢病（如维生素 A、维生素 B_5、维生素 B_9 及微量元素缺乏或蛋白摄入不足等）均可出现这种情况，在疾病诊断时应注意与其他相关病变一起综合分析。

图 2-45 病鸡脚垫出血

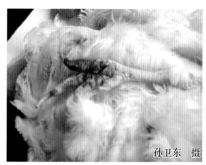

图 2-46 鸡脚垫外伤引起的出血

2）羽毛蓬松、逆立：俗称"炸毛"，见于鸡的热性传染病引起的高热、寒战，如鸡传染性法氏囊病、鸡新城疫等。

3）羽毛变脆、断裂、脱落：表现为鸡在非换羽季节的羽毛折断和脱落。见于鸡的啄癖、外寄生虫病（林刺膝螨、疥癣）、锌缺乏症、生物素缺乏症等。也可见于鸡啄羽（见图 2-48），而笼养鸡颈部羽毛脱

图 2-47 病鸡的脚趾干枯

图 2-48 病鸡的羽毛被啄

图 2-49 笼养鸡颈部羽毛因与鸡笼摩擦而脱落

落与鸡颈部长期和鸡笼摩擦有关（见图2-49）。此外，还有一些因内分泌紊乱等原因引起的羽毛脱落（见图2-50）。

图 2-50 **病鸡的背部羽毛脱落**

4）羽轴的边缘卷曲，且有小结节形成（见图2-51）:见于鸡锌缺乏症、维生素 B$_2$ 缺乏症、维生素 D 缺乏症或某些病毒的感染。

5）羽虱：检查时用手逆翻头部、翅下及腹下的羽毛，可见到浅黄色或灰白色的针尖大小的羽虱在羽毛、绒毛或皮肤上爬动。皮肤出现炎症，并有大量皮屑（见图2-52）。

图 2-51 **羽轴的边缘卷曲，且有小结节**

图 2-52 **羽虱使鸡出现皮炎，伴有大量皮屑**

6）羽毛囊炎：表现为羽毛囊处肿大（见图2-53），且有炎性渗出物渗出，见于皮肤型马立克氏病。

7）局部成片羽毛或基部黏有血液：表现为羽毛被血液染成血红色（见图2-54），发生羽毛囊出血时，有血染的部位仅见一个或多个羽毛根部有流出的血液或见紫红色的出血点，出血时间长短不一，数天到数月不等。多见于鸡成红细胞性白血病或成髓细胞性白血病。也见于鸡啄癖、鸡外寄生虫感染，偶见于鸡败血性葡萄球菌病。

图 2-53 病鸡的羽毛囊处肿大

图 2-54 病鸡局部成片羽毛或基部黏有血液

八、皮肤的变化

1）皮肤上有肿瘤结节（见图2-55）：表现为皮肤上的毛囊增大变硬，变成一个个结节，呈现弥漫性、数量不等、呈乳白色、凸起的皮肤肿瘤样变化，去毛后更明显。多见于鸡皮肤型马立克氏病。

2）皮炎（见图2-56）：传染性皮炎常引起皮肤坏死，可在病鸡的胸、腹部以及腿部等部位的多处皮肤出现炎症坏死灶，有湿漉漉的感觉，羽毛脱落，皮肤呈紫红色或紫黑色，皮下可能呈现出血等炎症变化，多见于鸡败血性葡萄球菌病、坏疽性皮炎（腐败梭菌感染）；营养性皮炎（皮肤粗糙、有裂纹）见于鸡生物素或维生素 B_5 缺乏症。

3）皮肤呈紫红色或有紫红色斑：多见于中暑（热应激）。而腹部的皮肤呈紫红色（见图2-57），多见于肉鸡腹水综合征、蛋鸡输卵管积液等。

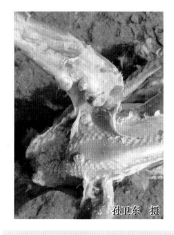

孙卫东 摄

图 2-55 病鸡皮肤上的肿瘤结节

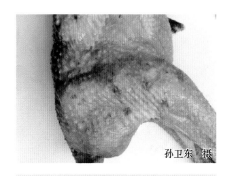

孙卫东 摄

图 2-56 鸡的皮炎

4）外伤（见图2-58）：母鸡的背部损伤，一般是在自然交配时被公鸡抓伤；其他部位的损伤，多见于损坏的笼具、带有尖锐杂物的垫料、人工抓鸡方法不当等，偶见于其他天敌（如狐狸、老鼠等）的咬伤。

孙卫东 摄

图 2-57 病鸡腹部膨胀、皮肤呈紫红色

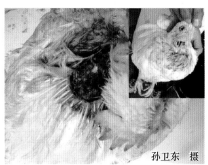

孙卫东 摄

图 2-58 鸡受到的外伤

九、皮下组织的变化

1）皮下组织干燥：正常情况下，鸡的皮肤易于撕开，且皮下组织湿润，

若出现皮下组织干燥（见图2-59），不易撕开，多见于鸡因腹泻或由于供水不足等引起的机体脱水。

2）皮下气肿（见图2-60）：常发生在阉割之后或抓鸡时用力过大，造成体壁或气囊的损伤，气体积聚在皮下所致，发生气肿的部位多在头、颈或身体的前部，手触有弹性。此外，当鸡发生坏疽性皮炎时，有的病例在坏死部位的皮下也可能出现气肿。

孙卫东　摄

图 2-59　鸡的皮下组织干燥

孙卫东　摄

图 2-60　鸡的皮下气肿

3）皮下水肿：当发病鸡的颈部皮下发炎、肿胀，可见有出血、水肿、有血水样或胶冻样渗出物时（见图2-61），多见于鸡注射疫苗引起的炎症反应或继发绿脓杆菌等引发的细菌感染，也见于高致病性禽流感；当鸡腹部皮下水肿，皮肤呈蓝紫色，剖开皮肤可见皮下积聚草绿色的胶冻样液体（见图2-62）时，多见于由硒或维生素E缺乏引起的鸡渗出性素质；

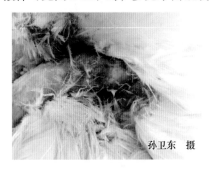

孙卫东　摄

图 2-61　鸡颈部皮下注射疫苗后出现的皮下水肿和炎症

孙卫东　摄

图 2-62　鸡腹部皮下的草绿色渗出物

4）皮下黏液性水肿：见于鸡食盐中毒、饲料中棉籽饼的含量过高。

5）皮下弥漫性出血：见于维生素 K 缺乏、住白细胞虫病等。

十、腹部皮下炎性渗出、脂肪出血或腹腔积液

腹部皮下炎性渗出（见图 2-63），主要来自于腹腔的炎症，或由于鸡阉割消毒不严引起的感染。

腹部脂肪出血表现为鸡腹部脂肪组织上有大量红色或紫红色的出血斑点（见图 2-64），由于脂肪为黄白色，所以出血斑点显得特别明显，多见于高致病性禽流感、典型的新城疫、急性禽霍乱、住白细胞虫病，也见于鸡中暑（热应激）。

孙卫东　摄

图 2-63　病鸡的腹部皮下炎性渗出

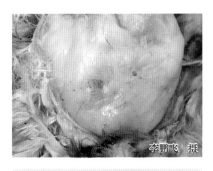

李鹏飞　摄

图 2-64　病鸡的腹部脂肪出血

腹腔积液分为腹腔积水和腹腔积血，腹腔积水（见图 2-65）多见于肉鸡腹水综合征、慢性黄曲霉毒素中毒引起的肝腹水、传染性支气管炎

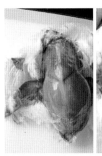

孙卫东　摄

图 2-65　病鸡的腹腔积水

孙卫东　摄

图 2-66　病鸡的腹腔积血

等引起的蛋鸡输卵管囊肿、蛋鸡的卵巢腺癌所致的腹水、呋喃类药物慢性中毒等；腹腔积血（见图2-66）多见于肝脏、脾脏破裂，如蛋鸡的脂肪肝、鸡的住白细胞虫病等。

第三节 鸡常见神经、运动系统典型临床症状、病理剖检变化及其相对应的疾病

一、精神沉郁（嗜睡）

病鸡表现为无精打采，不愿活动，闭目似睡（见图2-67），或缩颈呆立一隅，蹲卧，少食或不食，羽毛蓬松、粗乱（见图2-68），对周围环境反应迟钝。这是鸡大多数疾病发生过程中都可能出现的一种常见临床症状，因此在疾病诊断和鉴别诊断时应结合其他异常变化的结果做出综合判断。

图2-67 病鸡表现为无精打采，闭目似睡

图2-68 病鸡蹲卧在水壶下，羽毛蓬松、粗乱

二、突发挣扎等神经症状后死亡

表现为在疾病发生前，鸡一直表现正常，突然发出尖叫声，失去平衡，出现惊厥、抽搐或剧烈拍动翅膀等症状后很快死亡。多见于肉鸡猝死综合征、肉鸡低血糖-尖峰死亡综合征、最急性禽霍乱、急性中毒病等。

三、兴奋、乱窜疾跑或乱扑狂舞

表现为在鸡群中有一部分鸡特别兴奋，乱窜疾跑，或乱扑狂舞，或

转圈倒地呈瘫痪状态（见图2-69），有的病鸡在兴奋发作后急性死亡。多见于鸡马杜拉霉素、呋喃类药物、喹乙醇等药物中毒。

四、抽搐

病鸡发作时，雏鸡会无目的地乱跑，拍打翅膀并侧身倒地（见图2-70）或完全仰翻在地，同时腿和头快速抽搐，常以死亡告终。多见于脑炎型大肠杆菌低致病性禽流感、食盐中毒、有机磷农药中毒、一氧化碳中毒、维生素 E 缺乏、维生素 B_6 缺乏等。

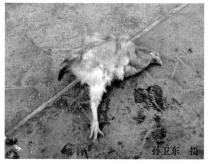

图 2-69　病鸡转圈倒地后呈瘫痪状态

图 2-70　病鸡拍打翅膀并侧身倒地

五、震颤

病鸡表现为头颈部不停地抖动、抖动的频率和幅度不定，呈阵发性，每次持续时间长短不一。多见于禽脑脊髓炎，在禽流感、新城疫、维生素 E 缺乏症的一些临床病例中，鸡在濒死时也可见到类似症状。

六、打堆

正常情况下，鸡群中的鸡只喜欢自由活动，分布较为均匀（见图2-71）；与之相反的是鸡群聚集成堆。如果鸡群围绕热源打堆（见图2-72），除了鸡舍内温度过低外，常表明鸡群得了恶寒怕冷（内热外寒）性疾病，如鸡白痢、鸡伤寒、鸡副伤寒、鸡传染性支气管炎、鸡传染性法氏囊病、鸡支原体病、霉菌毒素中毒等；如果鸡群远离热源打堆（见图2-73），除了鸡舍内温度过高外，往往是鸡舍出现了"贼风"。

孙卫东 摄

孙卫东 摄

图 2-71 鸡群分布较为均匀

孙卫东 摄

孙卫东 摄

图 2-72 鸡围绕热源打堆

孙卫东 摄

孙卫东 摄

图 2-73 鸡远离热源打堆

七、扭颈或斜颈

表现为病鸡的头颈时不时地往背后或侧后扭转，扭转的姿势多种多样（有的往左、有的向右、有的往上、有的向下、有的甚至出现旋转，见图2-74），这是嗜神经速发型新城疫的典型症状，但在维生素E缺乏、脑炎型大肠杆菌的病例中也可出现这样的神经症状。此外，在马立克氏病、肺病毒感染引起的肿头综合征、慢性禽霍乱导致的脑部感染、马杜拉霉素中毒、痢菌净中毒、维生素A缺乏等疾病的一些临床病例中可能会出现斜颈症状。

孙卫东 摄　　　　孙卫东 摄　　　　孙卫东 摄

图2-74　**病鸡仰头（左）、扭颈（中）和斜颈（右）**

八、头颈后仰呈"观星"姿势

病鸡表现为坐在自己屈曲的腿上，头颈向后收缩，头往后仰，呈"观星"姿势（见图2-75）。多见于鸡维生素B_1缺乏症。这是由于腿、翅膀和颈部的伸肌麻痹，失去了正常的运动功能，肌群不能协调运动导致的。

九、头颈向前伸直、下垂、软颈

表现为病鸡因头颈部神经麻痹导致头颈不能抬起，只能向前伸直、平展、喙着地（见图2-76）。多见于鸡的肉毒梭菌毒素中毒。

孙卫东　摄

图 2-75　病鸡头颈后仰呈"观星"姿势

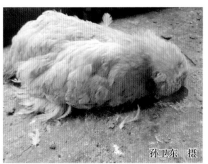

孙卫东　摄

图 2-76　病鸡头颈向前伸直、下垂、软颈

十、翅下垂

表现为一侧（见图 2-77）或两侧翅下垂，甚至拖地。见于鸡马立克氏病（臂神经受损肿大）、翅关节炎，也可见于抓鸡方法不当或机械原因所致翅骨骨折或翅关节脱位。

十一、跛行

这是多种疾病常见的临床表现，如病毒性关节炎（腱鞘炎）、禽脑脊髓炎、由白血病引起的骨硬化症、滑液囊支原体病、骨髓结核、

孙卫东　摄

图 2-77　病鸡一侧翅下垂

氟中毒、佝偻病、葡萄球菌等引起的关节炎、部分维生素和微量元素缺乏引起的神经或运动系统发育不良、笼养鸡产蛋疲劳综合征等情况。因此，在诊断疾病时应详细检查其他异常变化。

十二、"劈叉"姿势

病鸡表现为不能站立和行走，而且出现一条腿向前伸、另一条腿往

后伸的一种特别的"劈叉"姿势（见图2-78）。多见于神经型马立克氏病，另外在慢性消耗性疾病、严重的寄生虫病（如绦虫病）、营养衰竭等临床病例中也可见到"劈叉"姿势。

十三、腿一侧性或两侧性向外伸展、脚爪蜷曲

病鸡表现为一侧性或两条腿向外伸展或蹲卧，站立困难，脚爪向内蜷曲（见图2-79），多见于鸡维生素 B$_2$ 缺乏。病鸡表现为一侧

图 2-78　鸡的"劈叉"姿势

性或两条腿向外伸展、弯曲或扭转等异常姿势，多见于鸡病毒性关节炎。病鸡关节变形，且膝关节扁平光滑，肌腱滑脱（滑腱症），导致腿向外展 90°（见图2-80），多见于鸡锰缺乏症。

图 2-79　鸡的脚爪蜷曲

图 2-80　鸡的腿向一侧外伸展近90°

十四、骨骼的变化

1）脑盖骨有炎症和出血：脑盖骨化脓性炎症表现在海绵状骨内有干酪样物质（见图2-81），多见于鼻气管鸟杆菌病。脑盖骨出血（见图2-82），多见于中毒性疾病或外伤等。

健康鸡

孙卫东 摄

图 2-81　病鸡的脑盖骨有化脓性炎症
（箭头所指）

孙卫东 摄

图 2-82　病鸡的脑盖骨出血

2）龙骨变形：呈"S"状，同时跖骨、喙变软，多见于雏鸡的佝偻病（见图 2-83）、成鸡的骨软症（见图 2-84）。

孙卫东 摄

图 2-83　病雏龙骨呈"S"状弯曲

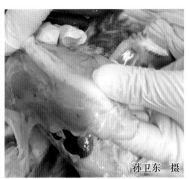

孙卫东 摄

图 2-84　成年鸡龙骨呈"S"状弯曲，且龙骨末端变软、下陷

3）肋骨弯曲变形（见图 2-85）：是骨骼钙、磷代谢障碍的结果，表现为肋骨变形弯曲，严重者可见其椎骨膨大呈球状，使脊柱呈串珠状，多见于雏鸡的佝偻病、成鸡的骨软症。

4）骨的断裂：多见于股骨头坏死（见图 2-86）、笼养鸡产蛋疲劳综合征引起的膝盖骨断裂（见图 2-87），或由机械性损伤引起的断裂。

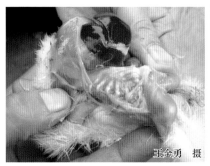

图 2-85　病雏的肋骨弯曲变形　　　图 2-86　病鸡的股骨头坏死

　　5）胫骨骨骺端软骨增生（见图 2-88）：多见于肉鸡胫骨软骨发育不良。

图 2-87　病鸡的膝盖骨断裂　　　图 2-88　软骨繁殖区内形成软骨团块

　　6）跖骨变粗（见图 2-89）：呈雨靴状，见于鸡白血病引起的骨质石化症。

　　7）骨髓发炎：骨髓变黑（见图 2-90），多见于多种细菌性骨髓炎、骨结核；骨髓颜色变浅，重度时为黄色，多见于鸡磺胺类药物中毒、鸡传染性贫血。但应注意 1 年以上的健康鸡，其骨髓的颜色会发生褪色。

图 2-89　病鸡的跖骨变粗

图 2-90　病鸡的骨髓发炎、变黑

十五、关节的变化

1）关节的皮肤受损（见图 2-91）、触之有热痛感：多见于关节周围皮肤擦伤而引起的葡萄球菌、链球菌或大肠杆菌感染，也可见于慢性禽霍乱。而关节的皮下瘀血，病鸡蹲伏（见图 2-92），表明关节损伤并伴有出血，多见于笼养鸡疲劳综合征所致的骨断裂、鸡病毒性关节炎等。

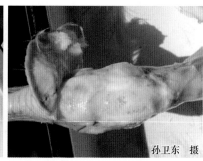

图 2-91　关节的皮肤受损

2）关节的皮肤受损，关节肿胀（见图 2-93）、触之有热痛感：多见于关节周围皮肤外伤而引起的葡萄球菌、链球菌或大肠杆菌感染，也可见于慢性禽霍乱。

3）关节肿胀并沿肌腱扩散（见图 2-94），切开关节后见有黏稠的分泌物（见图 2-95），多见于鸡滑液囊支原体感染。

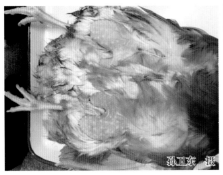

图 2-92　病鸡关节的皮下瘀血，病鸡蹲伏

图 2-93　关节的皮肤受损、肿胀

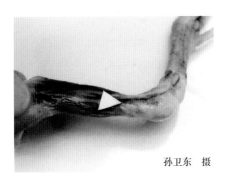

图 2-94　关节肿胀并沿肌腱扩散

图 2-95 病鸡剖检见跗关节（左）、脚垫和趾关节（右）内有黏稠渗出物

4）关节肿胀，呈紫红色或发绀（见图 2-96），破溃后形成黑色的痂皮（见图 2-97），多见于鸡葡萄球菌感染。

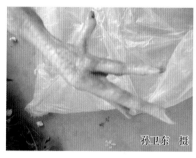
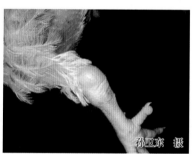

图 2-96 病鸡的感染脚趾关节呈紫红色或发绀

5）骨关节肿大，变形（见图 2-98）：多见于先天性关节发育不良，或笼养鸡的鸡笼高度不够。骨关节肿大、骨质变软：见于雏鸡佝偻病。

6）关节肿胀、触之坚硬、无热感，切开关节后可见白色膏糊状尿酸盐：见于关节型痛风（见图 2-99）。

图 2-97 感染关节破溃后形成黑色痂皮

图 2-98　骨关节肿大，变形

十六、肌肉的变化

1）全身肌肉褪色或苍白：这是贫血的结果，表现为肌肉没有血色，甚至呈苍白色（见图 2-100）。常见于鸡传染性贫血、禽白血病、鸡卡氏住白细胞虫病、鸡球虫病、磺胺类药物中毒、肉鸡猝死综合征，也见于由鸡脂肪肝综合征引起的肝脏破裂等。

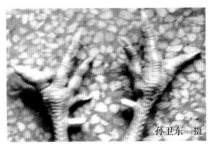 

图 2-99　病鸡的趾关节肿胀

图 2-100　病鸡的肌肉褪色或苍白

2）肌肉出血：表现为在肌肉上出现数量不一、大小不等的出血点（斑）。若在胸肌、腿肌上出现条状出血（见图 2-101），见于鸡传染性法氏囊病、磺胺类药物中毒；肌肉上出现大头针大小的出血点（见图 2-102），见于鸡卡氏住白细胞虫病。此外，在禽流感、成红细胞性白血病、包涵体肝炎、鸡传染性贫血、食盐中毒、维生素 K 缺乏、马杜拉霉素中毒、霉菌毒素中毒等的一些临床病例中也可见肌肉出血。

孙卫东　摄　　　　　　　　　　　　　　　　孙卫东　摄

图 2-101　病鸡的胸肌、腿肌出血

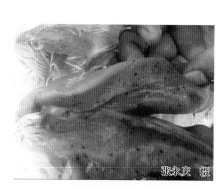

张永庆　摄　　　　　　　　　　　孙卫东　摄

图 2-102　病鸡胸肌上大头针大小的　　　图 2-103　病鸡腿肌内侧
　　　　　出血点　　　　　　　　　　　　表面上有尿酸盐结晶

　　3）肌肉表面有尿酸盐结晶（见图 2-103）：见于鸡内脏型痛风、严重的肾型传染性支气管炎等。

　　4）肌肉表面出现霉菌斑块：见于鸡曲霉菌病。

　　5）肌肉坏死：见于鸡的维生素 E 缺乏症；由金黄色葡萄球菌、链球菌等感染性炎症引起的坏死；由厌氧梭菌感染引起的腐败变质；由注射油乳剂疫苗不当所致的局部肌肉坏死（见图 2-104）。

6）肌肉出现肿瘤：见于鸡马立克氏病。

7）腓肠肌断裂：在病鸡跗关节上部触诊有明显的肿胀，整个腿变粗，剖开病鸡跗关节上部皮肤，可见靠近跗关节的肌腱肿胀（见图 2-105），有红褐色或紫红色的出血病灶和坏死病变（见图 2-106），多见于鸡病毒性关节炎。

8）肌肉干燥无黏性：见于各种原因引起的失水或缺水，如鸡肾型传染性支气管炎、痛风等。

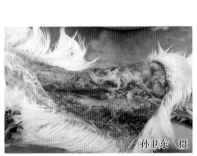
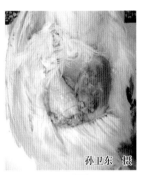

图 2-104　鸡注射油乳剂疫苗不当所致的颈部（左上）、腿部（右上）和胸部（下）肌肉坏死

十七、小脑软化、肿胀，有时有出血斑点

剖开脑部，外观小脑结构模糊、脑回变浅、肿胀，脑上面可有数量不等的小出血斑点（见图 2-107），切开脑组织呈现多汁、松散的状态，多见于鸡维生素 E 缺乏、食盐中毒、禽脑脊髓炎等。

图 2-105　病鸡的肌腱断裂形成的突出肿胀

图 2-106　病鸡的肌腱水肿、充血或出血

十八、神经粗大

鸡的坐骨神经、臂神经呈一侧性增粗，可达正常的 2~3 倍，并且横纹消失，多见于神经型鸡马立克氏病；坐骨神经、臂神经出现显著肿胀与松弛，多见于严重的维生素 B_2 缺乏症。在网状内皮组织增生症引起的矮小综合征的病例中，外周神经也可出现增粗这一病理变化。

图 2-107　病鸡小脑上的出血斑点

第四节　**鸡运动障碍的诊断思路及鉴别诊断要点**

一、诊断思路

当发现鸡群中出现以运动障碍或跛行的病鸡时，首先应考虑的是引起运动系统损害的疾病，其次要考虑病鸡的被皮系统是否受到侵害，神经支配系统是否受到损伤，最后还要考虑营养的平衡及其他因素。其诊断思路见表 2-1。

二、鉴别诊断要点

引起鸡运动障碍的常见疾病鉴别诊断要点见表 2-2。

表 2-1 鸡运动障碍的诊断思路

所在系统	损伤部位	临床表现	初步印象诊断
运动系统	关节	感染、红肿、坏死、变形	异物损伤、细菌或病毒性关节炎
	骨骼	变形、有弹性、可弯曲	雏鸡佝偻病、钙磷代谢紊乱、维生素 D 缺乏症
		变形或畸形、断裂，明显跛行	骨折、骨软症、笼养鸡产蛋疲劳综合征、股骨头坏死、钙磷代谢紊乱、氟骨症
		骨髓发黑或形成小结节	骨髓炎、骨结核
		胫骨骨骺端肿大、断裂	肉鸡胫骨软骨发育不良
	肌肉	腓肠肌（腱）断裂或损伤	病毒性关节炎
	肌腱	腱鞘炎症、肿胀	滑液囊支原体病
被皮系统	脚垫	肿胀	滑液囊支原体病
		表皮脱落	化学腐蚀药剂使用不当、湿度过大等
	脚趾	肿瘤或趾"泥瘤"	趾瘤病、鸡舍及场地地面的湿度太大
神经支配系统	中枢神经	脑水肿	食盐中毒、鸡传染性脑脊髓炎
		脑软化	硒缺乏症、维生素 E 缺乏症
		脑脓肿	大肠杆菌性脑病、沙门氏杆菌性脑病等
	外周神经	坐骨神经肿大，劈叉姿势	鸡马立克氏病
		迷走神经损伤，扭颈	神经型新城疫
		颈神经损伤，软颈	肉毒梭菌毒素中毒
营养平衡系统	脚垫	粗糙	维生素 A 缺乏症
		红掌病（表皮脱落）	生物素缺乏症
	关节	肿胀、变形	鸡痛风
	肌肉	变性、坏死	硒缺乏症、维生素 E 缺乏症
	肌腱	滑脱	锰缺乏症
	神经	多发性神经炎，观星姿势	维生素 B_1 缺乏症
		趾蜷曲姿势	维生素 B_2 缺乏症
	眼	损伤	眼型马立克氏病、禽脑脊髓炎、氨气灼伤等
其他	肠道	消化吸收不良（障碍）	长期腹泻、消化不良等
		慢性消耗性、免疫抑制性疾病	鸡线虫病、鸡绦虫病、白血病、霉菌毒素中毒等

表 2-2　引起鸡运动障碍的常见疾病鉴别诊断要点

病名	易感时间	流行季节	群内传播	发病率	病死率	典型症状	神经	肌肉肌腱	关节肿胀	关节腔	骨、关节软骨
神经型马立克氏病	2~5月龄	无	慢	有时较高	高	劈叉姿势	坐骨神经肿大	正常	正常	正常	正常
病毒性关节炎	4~7周龄	无	慢	高	小于6%	蹲伏姿势	正常	腱鞘炎	明显	有草黄色或干酪样渗出物	有时有坏死
细菌性关节炎	3~8周龄	无	较慢	较高	较高	跛行或跳跃步行	正常	正常	明显	有脓性或干酪样渗出物	有时有坏死
滑液囊支原体病	4-16周龄	无	较慢	较高	较高	跛行	正常	腱鞘炎	明显	有奶油样或干酪样渗出物	滑膜炎
关节型痛风	全龄	无	无	较高	较高	跛行	正常	正常	明显	有白色黏稠的尿酸盐	有时有溃疡
维生素 B_1 缺乏症	无	无	无	较高	较高	观星姿势	正常	正常	正常	正常	正常
维生素 B_2 缺乏症	2~3周龄	无	无	较高	较高	趾向内蜷曲	坐骨、臂神经肿大	正常	正常	正常	正常
锰缺乏症	无	无	无	不高	不高	腿骨短粗、扭转	正常	腓肠肌腱滑脱	明显	正常	骨骺-肥厚
雏鸡佝偻病	雏鸡	无	无	高	不高	橡皮喙、龙骨"S"状弯曲	正常	正常	正常	正常	肋骨、跗骨变软
笼养鸡产蛋疲劳综合征	产蛋期	无	无	高	不高	蹲伏、瘫痪	正常	正常	正常	正常	正常

第三章

鸡呼吸系统疾病的诊断

鸡呼吸系统疾病的发生

一、鸡呼吸系统解剖生理特点

1. 鸡呼吸系统的解剖结构

鸡的呼吸系统由鼻腔、喉、气管、鸣管、支气管、肺脏、气囊和充气骨骼组成（见图3-1）。鼻腔的外口为一对鼻孔，位于喙的基部。喉分前喉和后喉，前喉在气管前端，后喉由气管末端的脊状软骨和两初级支气管起端的内、外鸣膜构成，为发音器。气管和初级支气管由透明的软骨片构成的气管环组成（见图3-2和图3-3）。肺脏位于肋骨之间，与肋骨贴合在一起，约1/3深埋于肋间隙内（见图3-4），在每叶肺中均有支气管，支气管从整个肺脏中通过，然后进入腹气囊，由支气管向肺脏表面分出许多较细小的支气管，形成迷路结构，小支气管中有一部分同时开口于气囊。气囊是鸡的特殊器官，有四个成对的（颈气囊、前胸气囊、后胸气囊、腹气囊）和一个不成对的（锁骨气囊），分布在内脏之间、肌肉之间、骨的空隙里，且均与肺脏相通。

2. 鸡呼吸系统的生理特点

空气由鸡的鼻腔和喙进入，吸入的空气在气管中净化，鸡肺脏相对较小且不能扩张，鸡的肺脏终止于气囊。气囊是肺脏的衍生物，它具有储存空气、加强气体交换、减轻体重、平衡身体、调节体温的作用。

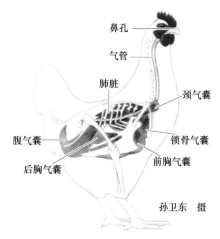

鼻孔
气管
肺脏
颈气囊
腹气囊
锁骨气囊
后胸气囊
前胸气囊

孙卫东　摄

图 3-1　鸡呼吸系统的解剖结构

气管　肺脏
喉
鼻孔
支气管
后胸气囊

孙卫东　摄

图 3-2　鸡呼吸系统的解剖结构实例一

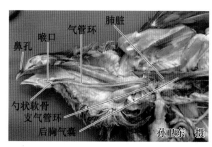

气管环　肺脏
喉口
鼻孔
勺状软骨
支气管环
后胸气囊

孙卫东　摄

图 3-3　鸡呼吸系统的解剖结构实例二

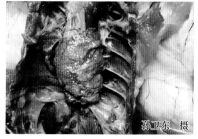

孙卫东　摄

图 3-4　鸡的肺脏深埋于肋间隙内

　　鸡的气管黏膜面覆盖一层黏液和纤毛，纤毛的重要性常被忽视，用福尔马林对孵化器消毒会破坏纤毛。鸡的气囊在鸡身体内具有"气球样"特性，它们迫使空气通过肺脏 2 次，加强肺脏的换气功能，这也使鸡的呼吸道更容易被感染。

二、鸡呼吸系统疾病发生的因素

　　（1）生物性因素　　包括病毒（如禽流感病毒、新城疫病毒、传染性支气管炎、传染性喉气管炎等）、细菌（如大肠杆菌、支原体、副鸡嗜血杆菌等）、霉菌和某些寄生虫等。

（2）**环境因素** 主要是指鸡舍内的环境及卫生状况。当鸡舍内空气污浊，有害气体（氨气、硫化氢等）含量高，易损害呼吸道黏膜，诱发呼吸道疾病。鸡舍内的灰尘（见图3-5）或粉尘含量高（见图3-6），而灰尘和粉尘是携带病原的载体，鸡吸进后易发生呼吸道疾病。鸡舍保温设施的排烟管离鸡舍的屋檐太近（见图3-7），引起排烟倒灌，或者在麦收季节由于大面积秸秆焚烧引起的烟尘进入鸡舍，引发呼吸系统疾病。

孙卫东　摄

图3-5 鸡舍屋顶积聚的灰尘

（3）**饲养管理因素** 鸡群饲养密度过大（见图3-8）、饲养场地过于潮湿，尤其是暴雨过后，不能及时排出积水的鸡场或场地内的排水管排水不畅（见图3-9），易继发一些病原感染而引起呼吸道疾病。

孙卫东　摄

图3-6 鸡舍内粉尘含量高，空气较为混浊

孙卫东　摄

图3-7 鸡舍的排烟口离鸡舍的屋檐太近，易引起排烟倒灌

（4）**营养因素** 营养缺乏（如维生素A缺乏）、营养代谢紊乱（如痛风）、中毒（如亚硝酸盐中毒）等也可引起呼吸道疾病。

（5）**气候因素** 气候骤变、大风、降温或高温等常可诱发呼吸道疾病。

（6）**鸡呼吸系统自身的解剖学特点** 鸡的内脏器官之间是由气囊或浆膜囊分割，这种情况注定了鸡的呼吸系统疾病易受其他系统（如消化系统、生殖系统）疾病的影响。

孙卫东 摄
孙卫东 摄

图 3-8　鸡群饲养密度过大

孙卫东 摄

图 3-9　饲养场地的排水沟排水不畅

三、鸡呼吸系统疾病的感染途径

呼吸道黏膜表面是鸡与环境间接触的重要部分，对各种微生物、化学毒物和尘埃等有害的颗粒有着重要的防御机能。呼吸器官在生物性、物理性、化学性、机械性等因素的刺激下以及其他器官疾病等的影响下，削弱或降低呼吸道黏膜的屏障防御作用和机体的抵抗能力，导致外源性的病原菌、呼吸道常在病原（内源性）的侵入和大量繁殖，引起呼吸系统的炎症等病理反应，进而造成呼吸系统疾病，见图 3-10。

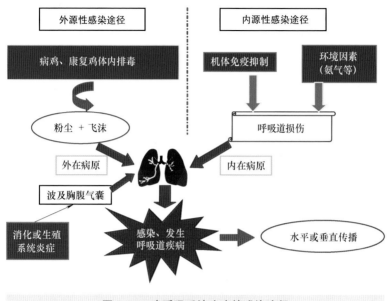

图 3-10　鸡呼吸系统疾病的感染途径

第二节　鸡常见呼吸系统典型临床症状、病理剖检变化及其相对应的疾病

一、流鼻液

表明鸡鼻腔的分泌物增多，在鸡鼻孔处见有浆液性、黏液性、黏液脓性的分泌物流出或黏挂（见图 3-11）。常见于鸡传染性鼻炎、鸡传染性喉气管炎的临床病例；在部分鸡传染性支气管炎、鸡毒支原体病、低致病性禽流感、新城疫、鸡慢性呼吸道病的临床病例中也可出现这种症状。

二、张口呼吸

这是鸡呼吸系统疾病发生时引起呼吸困难的最常见表现（见图 3-12 ）。

孙卫东　摄

图 3-11　鸡流鼻液

孙卫东　摄

图 3-12　鸡张口呼吸

1）张口呼吸伴有吸气困难：表明上呼吸道狭窄（内有分泌物、异物等），鸡常伸长脖子张口呼吸，试图缓解呼吸困难的状态。见于鸡传染性喉气管炎、"白喉型"鸡痘、鸡传染性鼻炎、鸡气管比翼线虫病。

2）张口呼吸伴有呼气困难：表明下呼吸道（肺脏、气囊）发生病变，鸡张口呼吸时，腹部的起伏动作较为明显。见于能引起鸡肺脏和（或）气囊病变的疾病，如鸡大肠杆菌和鸡毒支原体病引起的鸡"三炎"（心包炎、肝周炎、气囊炎）变化、鸡曲霉菌性肺炎、鸡支气管堵塞等。

3）张口呼吸伴有混合性困难：鸡张口呼吸时兼有吸气和呼气困难的特点。常见于鸡新城疫、禽流感、鸡传染性支气管炎、急性传染性喉气管炎、鸡毒支原体感染、慢性禽霍乱、雏鸡肺炎型白痢病、鸡大肠杆菌病、鸡曲霉菌病、肉鸡腹水综合征、蛋鸡输卵管积液、鸡痛风、鸡舍内氨气过浓、热应激（中暑）、一氧化碳中毒，偶见于衣原体病、维生素 A 缺乏症。但应注意，鸡在气温较高时，会出现张口喘息（快速前后移动喉咙），同时鸡会展开羽毛，抬起翅膀，尽量增加身体接触通风的面积，最大程度地散热（见图 3-13），属于正常生理现象。

三、发出呼吸杂音

包括咳嗽、气管啰音、呼噜、怪叫声、鸣声低哑，这是呼吸道疾病的常见症状。病鸡群发生剧烈的咳嗽时，多见于鸡的传染性喉气管炎，也见于鸡传染性支气管炎、禽流感、新城疫、鸡传染性鼻炎、鸡支原体感染、住白细胞虫病、一氧化碳中毒等；当病鸡群发出气管啰音时，可听到咕噜噜的声音，常见于急性传染性支气管炎、鸡传染性喉气管炎、禽流感、呼吸型新城疫、鸡传染性鼻炎、鸡支原体感染、慢性禽霍乱等；当病鸡群发出怪叫声，常见于鸡传染性喉气管炎、鸡支气管堵塞、鸡气管比翼线虫病等；当病鸡鸣声低哑或停止，张口无音时，病鸡往往预后不良。

四、甩头

鸡出现甩头，表明病鸡鼻腔内积有分泌物，分泌物造成上呼吸道不畅，使鸡呼吸困难，病鸡试图通过甩头动作排出鼻腔中的分泌物，以消除不适感。多见于鸡传染性鼻炎、鸡慢性呼吸道病、传染性支气管炎、传染性喉气管炎、低致病性禽流感、鸡肿头综合征等。此外，当发生新城疫时，一些病鸡为排出口腔中的黏液，也常有甩头动作。

五、鼻腔、鼻窦内有渗出物

剪开鼻腔、鼻窦时，发现内有大量呈泡沫状黏稠甚至是脓性的液体（见图3-14），或带有干酪样块状物时，表明上呼吸道发生了卡他性炎症。常见于鸡传染性鼻炎、鸡毒支原体感染等，偶见于维生素A缺乏症。

孙卫东 摄

图3-13 鸡张口喘息，散热

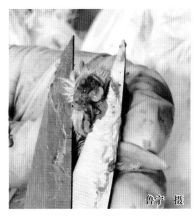

鲁宁 摄

图3-14 病鸡的鼻窦内有渗出物

六、眶下窦内有渗出物

在一些传染病发生时，常出现面部或眼眶下的肿胀，但不同的疾病，其临床表现有一定的差别。当发生鸡传染性鼻炎时，最明显的特征是面部发生水肿，使眼睛陷入四周肿胀的眼圈内，肿胀的面部有波动感，切开皮肤可能有胶冻样渗出物，鼻窦内有脓性干酪样物；当发生肺病毒感染引起的鸡肿头综合征时，因眼眶和眶下窦肿大、颌下水肿等会导致头部肿大；当发生鸡毒支原体感染时，一些病鸡有面部、眶下窦肿大并凸起（见图3-15）。此外，在靠近头部注射一些疫苗时，个别鸡可能会出现这种变化，但其精神和食欲正常。剪开眶下窦见其内有奶油样或豆腐渣样渗出物（见图3-16）。见于鸡支原体病、鸡慢性呼吸道病等。

图 3-15　病鸡的眶下窦肿胀

七、喉头、气管出血

因致病原因和病程不同，喉头、气管的出血灶表现也不一样，有的呈斑点状或呈弥漫性一片，有的沿着气管环出血（见图3-17），出血严重的，气管内有血液。常见于鸡新城疫、禽流感、传染性喉气管炎、传染性支气管炎，偶尔在白喉型鸡痘的病例中看到。

孙卫东　摄

孙卫东　摄

健康鸡

图 3-16　病鸡眶下窦内有豆腐渣样渗出物

孙卫东　摄

孙卫东　摄

图 3-17　鸡的气管黏膜及气管环出血

八、喉头、气管黏膜上有凸起的白喉样黄白色病灶或溃疡

剪开病鸡的喉头、气管，在其黏膜上可见凸起的黄白色痘斑（见图 3-18），不易剥离；或有块状干酪样物，剥离后露出溃疡灶。常见于黏膜型鸡痘，在发生严重传染性喉气管炎的病鸡中有时也可见到这种病变。

九、喉头、气管、支气管内有渗出物

1）喉头、气管、支气管内含有黏液：剪开喉头、气管、支气管时发现内有黏稠甚至是脓性的液体（见图3-19）或有黄色的干酪样物，气管和支气管的黏膜潮红，表明喉头、气管、支气管发生了卡他性炎症。常见于鸡传染性支气管炎、传染性喉气管炎、鸡毒支原体感染等。

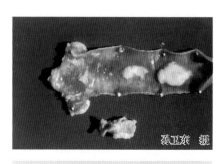

图 3-18　鸡喉头、气管黏膜上凸起的白喉样黄白色痘斑

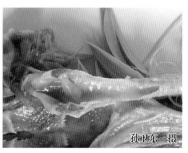

图 3-19　鸡喉头、气管黏膜上黏稠性的分泌物

2）喉头、气管内含血痰形成的血栓：剪开喉头、气管时发现内有血块状的血栓，黏附在腔壁上，有的混有痰液，气管黏膜有出血（见图3-20）。见于鸡传染性喉气管炎。

3）喉头、气管、支气管内有干酪样渗出物：这是呼吸道发生严重炎症的临床表现。剪开喉头、气管、支气管时发现这些部位的黏膜上有数量不等、呈灰黄色或灰白色、似豆腐渣样的干酪样渗出物，重症病例可见干酪样物形成栓子，同时见气管、支气管黏膜发生充血、出血等变化（见图3-21~图3-24）。常见于鸡传染性鼻炎、鸡传染性喉气管炎、堵塞型传染性支气管炎、鸡慢性呼吸道病，在一些禽流感的病例中也能见到这种病变。

十、气囊及内脏浆膜面附着白色石灰样物质

打开病鸡的腹腔或胸腔，可见白色的尿酸盐沉积在气囊、肝脏和心脏等的表面，轻症者像稀稀地撒了一层石灰，重症者为一层厚厚的白膜（见图3-25），在阳光下翻转这些沉积物可看到晶体的光泽。常见于引起鸡尿

孙卫东 摄

图 3-20 鸡喉头、气管内血痰样
分泌物

孙卫东 摄

图 3-21 鸡喉头、气管中的干酪样
渗出物

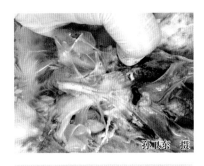

孙卫东 摄

图 3-22 鸡气管、支气管中的干
酪样渗出物

孙卫东 摄

图 3-23 鸡支气管中的干酪样渗
出物

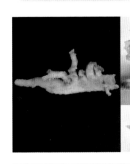

孙卫东 摄

图 3-24 从病鸡支气管中取出的干
酪样渗出物

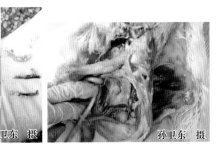

孙卫东 摄

图 3-25 鸡气囊及内脏浆膜面
附着白色石灰样物质

酸盐血症的多种疾病，如鸡痛风、维生素 A 缺乏症、磺胺类药和氨基糖甙类抗生素中毒等。在肾型传染性支气管炎、长期水缺乏等临床病例中偶尔也可见到。

十一、气囊有纤维素性渗出物

这是气囊发生的炎症变化，表现为气囊混浊、囊壁增厚、粗糙，壁上有数量不等、大小不一，呈黄白色、灰白色、灰褐色的结节，或呈斑块状干酪样渗出物（见图 3-26~图 3-28）。常见于原发性鸡大肠杆菌病、鸡毒支原体病、禽流感、鸡新城疫或鸡阉割手术不当等引起的继发感染等。

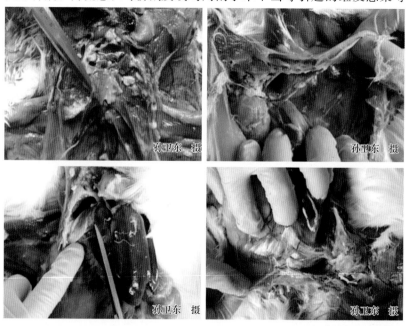

图 3-26　鸡胸气囊炎症及其渗出物

十二、气囊和肺脏上有数量不等、大小不一的灰黄色结节

打开胸腔后发现在病鸡的肺脏和气囊上有数量不等、大小不一，呈灰色、灰黄色或黄绿色，有的甚至发展成黄白色的干酪样结节（见图 3-29）。常见于鸡的曲霉菌病，偶见于鸡阉割手术不当引起的曲霉菌感染。

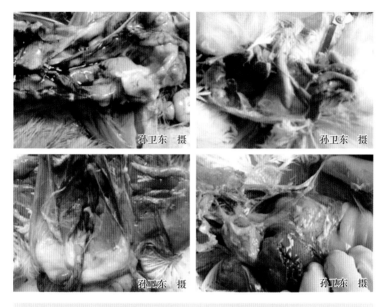
孙卫东 摄 孙卫东 摄
孙卫东 摄 孙卫东 摄

图 3-27 鸡腹气囊炎症及其渗出物

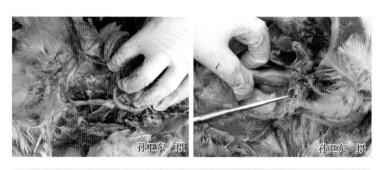
孙卫东 摄 孙卫东 摄

图 3-28 鸡胸、腹气囊炎症及其渗出物

十三、肺脏瘀血、水肿

拨开肺脏见肺部肿胀，边缘变钝。色泽变化不一，有的整个肺脏呈紫红色，有的红白相间呈斑驳状，往往同时伴有胸腔中渗出液增加（见图 3-30）。常见于禽流感、新城疫、鸡中暑，也见于鸡毒支原体感染、鸡

传染性支气管炎、鸡大肠杆菌病、肉鸡猝死综合征的一些临床病例。一氧化碳中毒时，可见肺脏瘀血、切面流出粉红色的泡沫样液体。

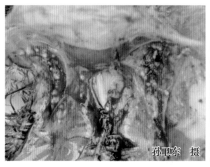

孙卫东　摄

图 3-29　鸡的肺脏上有灰黄色结节

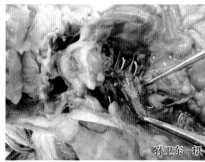

孙卫东　摄

图 3-30　鸡的肺脏瘀血、水肿

十四、肺脏上有结节性脓样坏死或有出血和肉变

拨开肺脏见其上面有数量不等、大小不一、形态多样的结节，呈灰白色（见图 3-31）。切开这些结节，见有脓性干酪样坏死。常见于雏鸡白痢。

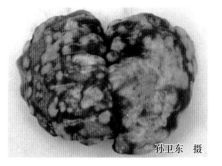

孙卫东　摄

图 3-31　鸡的肺脏上有结节性脓样干酪样坏死

十五、化脓性肺炎

拨开肺脏见其表面或内部有数量不等的化脓灶（见图 3-32）。切开这些化脓灶，可见脓样渗出物，有的出现纤维化组织。常见于鸡的大肠杆菌病。

十六、肺脏上有肿瘤结节

拨开肺脏见其表面或内部有数量不等的肿瘤结节（见图 3-33）。常见于鸡的马立克氏病。

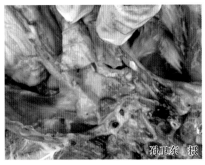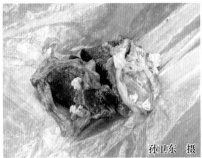

孙卫东 摄　　　　　　孙卫东 摄

图 3-32　鸡的肺脏、肺脏表面的化脓性炎症

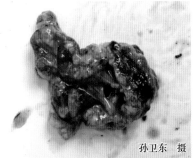

孙卫东 摄　　　　　　孙卫东 摄

图 3-33　鸡肺脏上的肿瘤结节

十七、肺脏内有白色油状物

　　打开腹腔见肺部有白色油状物，肺脏及气囊未见炎性变化（见图 3-34）。见于鸡的油佐剂疫苗胸部注射不当，误将油佐剂疫苗注射进鸡的肺脏内。

孙卫东 摄

图 3-34　鸡肺内白色油状物
（为油佐剂疫苗）

| 第三节 | 鸡呼吸困难的诊断思路及鉴别
诊断要点 |

一、诊断思路

当发现鸡群中出现以鸡呼吸困难为主要临床表现的病鸡时，首先应考虑的是呼吸系统（肺源性）的疾病，此外，还要考虑心原性、血原性、中毒性、腹压增高性等原因引起的疾病。其诊断思路见表3-1。

表 3-1　鸡呼吸困难的诊断思路

所在系统	损伤部位或病因	初步印象诊断
呼吸系统	气囊炎、浆膜炎	大肠杆菌病、鸡毒支原体病、内脏型痛风等
	肺脏结节	曲霉菌病
	喉、气管、支气管	新城疫、禽流感、传染性支气管炎、传染性喉气管炎、黏膜型鸡痘等
	鼻、鼻腔、眶下窦病变	传染性鼻炎、支原体病等
心血管系统	右心衰竭	肉鸡腹水综合征
	贫血	鸡住白细胞虫病、螺旋体病、重症球虫病等
	血红蛋白携氧能力下降	一氧化碳中毒、亚硝酸盐中毒
神经系统	中暑	日射病
		热射病、重度热应激
其他	腹压增高性	输卵管积液、腹水等
	管理因素	氨刺激、烟刺激、粉尘等

二、鉴别诊断要点

引起鸡呼吸困难的常见疾病的鉴别诊断要点见表3-2。

表 3-2 引起鸡呼吸困难的常见疾病的鉴别诊断要点

病名	易感时间	流行季节	群内传播	发病率	病死率	鉴别诊断要点						
						粪便	呼吸	鸡冠肉髯	神经症状	胃肠道	心脏、肺脏、气管和气囊	其他脏器
禽流感	全龄	无	快	高	高	黄褐色稀粪	困难	发绀、肿大	部分鸡有	严重出血	肺脏充血和水肿、气囊有灰黄色渗出物	腺胃乳头肿大、
新城疫	全龄	无	快	高	高	黄绿色稀粪	困难	有时发绀	部分鸡有	严重出血	心冠出血、肺脏瘀血、气管出血	腺胃乳头、泄殖腔出血
传染性支气管炎	3～6周龄	无	快	高	较高	白色稀粪	困难	有时发绀	鸡有	正常	气管分泌物增加	肾脏或腺胃肿大
传染性喉气管炎	成年鸡	无	快	高	较高	正常	困难	有时发绀	正常	正常	气管有带血分泌物	喉部出血
黏膜型鸡痘	中雏或成年鸡	无	慢	较高	较高	正常	困难	有时发绀	正常	正常	正常	口腔、咽部黏膜有痘疹、喉头有伪膜
传染性鼻炎	8～12周龄	秋末、初春	较快	高	低	正常	困难	有时发绀	正常	炎症	上呼吸道炎症	鼻炎、结膜炎
大肠杆菌病	中雏鸡	无	较慢	较高	较高	稀粪	困难	有时发绀	正常	炎症	心包炎、气囊炎	肝周炎
慢性呼吸道病	4～8周龄	秋末、初春	慢	较高	不高	正常	困难	有时发绀	正常	正常	心包、气囊有炎症、混浊	呼吸道炎症、肝周炎
曲霉菌病	0～2周龄	无	无	较高	较高	常有腹泻	困难	发绀	部分鸡有	正常	肺脏、气囊有霉斑结节	有时有霉斑
一氧化碳中毒	0～2周龄	无	无	较高	很高	正常	困难	樱桃红	有	正常	肺脏充血呈樱桃红色	充血

第四章

鸡消化系统疾病
的诊断

一、鸡消化系统解剖生理特点

1. 鸡消化系统的解剖结构

鸡的消化系统由消化道和消化腺两部分组成。消化道是由口腔、咽、食管和嗉囊、腺胃和肌胃、十二指肠、小肠（空肠、回肠）、大肠（盲肠、直肠）、泄殖腔组成。消化腺有小消化腺和大消化腺两种：小消化腺散在消化管各部的管壁内（如胃腺和肠腺等）；大消化腺有 3 对唾液腺（腮腺、颌下腺、舌下腺）、肝脏和胰腺，它们均借助导管，将分泌物排入消化管内。鸡消化系统的解剖结构外观实例见图 4-1。

鸡的上、下颌发育成特殊的采食器官——上、下喙。鸡的口腔无上、下唇，无软腭，口腔与咽腔无明显的界限（合称口咽腔），口咽腔顶部壁前为硬腭，后为鼻后孔与鼻腔相通。底壁大部分被舌占据，舌后有喉口与气管和鼻后孔相通，口咽喉部有食管口与食管相通。食管口在喉口上方，吞咽时喉口闭合防止食物落入气管。鸡的舌头呈长三角形，味觉较差，但对饮水温度感觉敏感。鸡无颊，口可以张得更大，便于吞食。鸡没有牙齿，采食不经咀嚼借助于舌的帮助吞咽。食管和嗉囊是食物通过的通道，嗉囊有暂时储存、软化食物的功能。鸡的胃由腺胃和肌胃组成，腺胃在食管的末端，有大量的胃腺，能分泌盐酸和胃蛋白酶，消化食物，肌胃是鸡对食物机械消化的场所。鸡的肠管较短，分为小肠和大肠，食物主要在小肠内消化吸收。鸡的肠系膜上没有淋巴结，但在肠黏膜和回盲口处有丰富的淋巴组织，特别是回盲口处有一对淋巴集结，称为盲肠扁桃体。直肠末端膨大部叫泄殖腔，是直肠、输尿管、输卵管、阴道开口（输精管）的共同通道，泄殖腔背侧有法氏囊开口于肛道背侧。鸡消化系统的解剖结构剖开实例见图4-2。

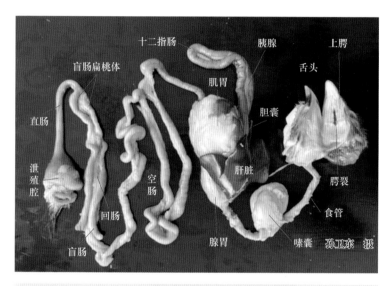

图 4-1　鸡消化系统的解剖结构外观实例

　　鸡的消化腺肝脏在初生雏鸡时由于吸收了卵黄色素，故肝脏呈黄色或黄白色（见图4-3），约在1周后变为红褐色。

　　2. 鸡消化系统的生理特点

　　食物由鸡的喙和口腔进入，过食管，在嗉囊中暂存和软化，后经过肌胃的机械磨碎，加之肠道和消化腺（肝脏和胰腺）的分泌、内分泌作用，将食物消化成易被鸡机体利用的物质。

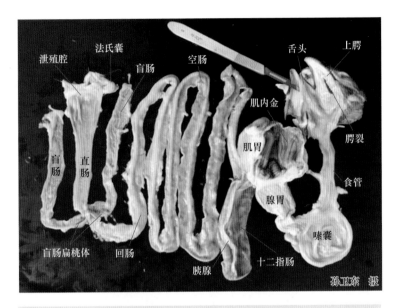

图 4-2　鸡消化系统的解剖结构剖开实例

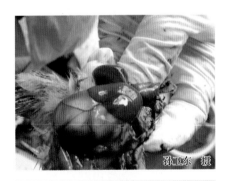

图 4-3　初生雏鸡由于吸收了卵黄
色素，1 周内肝脏呈黄色

二、鸡消化系统疾病发生的因素

（1）生物性因素　包括病毒（如新城疫病毒、传染性腺胃炎病毒等）、细菌（如大肠杆菌、巴氏杆菌、弯曲杆菌、魏氏梭菌、白色念珠菌等）、霉菌和某些寄生虫（组织滴虫、球虫、蛔虫、绦虫）等。

（2）饲养管理因素　如鸡舍的水箱、水线、水壶未及时清理、消毒（见图4-4~图4-7），水被一些病原微生物污染；散养鸡群在暴雨过后饮用积聚在运动场的积水；料线、料槽中的饲料被粪便污染（见图4-8）或剩料清理不及时，剩料发生霉变（见图4-9）；在散养鸡群补充一些被寄生虫污染的水生植物等。

图4-4　进入鸡舍的水箱内的水混浊

图4-5　引入水线的水箱内的水混浊

图4-6　水壶的表面不清洁

图4-7　水线的托盘被污染

孙卫东 摄

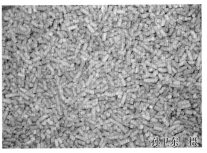
孙卫东 摄

图 4-8　料槽中的饲料被
粪便污染

图 4-9　从饲料料槽中收集的
已发生霉变的饲料

（3）营养因素　如饲料配方不合理，饲料中使用的麦类的比例太高且未添加酶制剂或酶制剂失效等。

（4）中毒因素　如饲料霉变引起的霉菌毒素中毒，药物使用不当等引起的肠道菌群失调或药物中毒等。

（5）其他因素　如夏季或冬季未做好水塔的降温、提温措施，让鸡群一直饮用烈日暴晒下高温水箱水或低温的井水等常可诱发消化道疾病。

三、鸡消化系统疾病的感染途径

消化道黏膜表面是鸡与环境间接触的重要部分，对各种微生物、化学毒物和物理刺激等有良好的防御机能。消化器官在生物性、物理性、化学性、机械性等因素的刺激下以及其他器官的疾病等的影响下，削弱或降低消化道黏膜的屏障防御作用和机体的抵抗能力，导致外源性的病原菌、消化道常在病原（内源性）的侵入和大量繁殖，引起消化系统的炎症等病理反应，进而造成消化系统疾病的发生和传播。鸡消化系统疾病的感染途径见图 4-10。

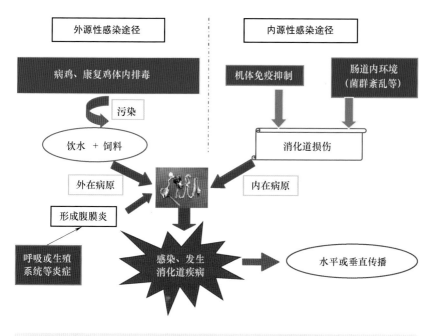

图 4-10　鸡消化系统疾病的感染途径

第二节	鸡常见消化系统典型临床症状、病理剖检变化及其相对应的疾病

一、机体消瘦

消瘦的病鸡表现为整个机体的轮廓变小，最显见的部位在胸肌，表现为胸肌瘦小，整个胸廓似刀（见图 4-11），胸肌萎缩（见图 4-12），胸骨（龙骨）显露、薄如纸（见图 4-13）。常见于鸡营养不良，也见于鸡慢性传染性疾病、肿瘤性疾病、严重的内外寄生虫病、长期单一饲料（如麦类）饲养，应注意结合其他病理变化进行鉴别诊断。

孙卫东　摄　　　　　　　　　　　孙卫东　摄

图 4-11　病鸡瘦小（左）、胸廓似刀（右）

孙卫东　摄　　　　　　　　　　　孙卫东　摄

图 4-12　病鸡的胸肌萎缩　　　　图 4-13　病鸡的胸骨（龙骨）显
　　　　　　　　　　　　　　　　　　　　　露、薄如纸

二、口角异物

　　鸡的口角线头（见图 4-14）见于饲料袋的封口线拆除后混入饲料，或垫料中混入的线头被鸡采食后引起。

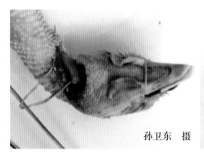

孙卫东 摄

挂在鸡口角的线头

孙卫东 摄

沿食道逐渐将线头拉出1

孙卫东 摄

沿食道逐渐将线头拉出2

孙卫东 摄

拉出的线团

图 4-14 **鸡采食的异物**

三、口腔和口角的分泌物

流涎，即口腔流黏液，表现为口腔周围黏附有大量的黏液，或有黏稠液体呈线状挂在嘴边（见图 4-15）或将消化道的黏液吐到料槽中（见图 4-16）。

1）口腔黏液、唾液分泌增加：见于鸡新城疫、鸡传染性支气管炎、急性禽霍乱、白色念珠菌病、口腔炎症；口腔流涎，且伴有大蒜味，见于散养鸡误食喷洒有机磷农药的蔬菜、谷物等引起的中毒。

2）口腔或口角流血：见于敌鼠钠中毒、鸡住白细胞虫病；偶见于鸡传染性喉气管炎。

3）口腔或口角流出煤焦油样液体：可能是病鸡吐出的含有血液的食糜，此种现象表明上消化道出血；发生变质鱼粉中毒（鸡肌胃糜烂症）或呕吐毒素中毒时，一些病例可出现这种情况。

孙卫东　摄

图 4-15　病鸡口腔黏稠液体挂
在嘴边

鲁宁　摄

图 4-16　病鸡将消化道的黏液
吐到料槽中

四、腹泻及粪便的性状变化

健康鸡的粪便多呈圆柱状、不软不硬，在粪球的一端或中间常覆有少量白色黏液，这是鸡尿液中的尿酸盐。粪便的颜色随饲料颜色而有所不同，通常呈暗绿色或墨污秽色。所谓腹泻，是指排便次数显著增加，粪便性状发生改变。此现象是多种疾病的共有症状，但不同的疾病，腹泻程度和粪便性状也不一样。

1）鸡排出黄绿色稀便或绿色粪便：常见于鸡新城疫、滑液囊支原体感染、绿脓杆菌病、大肠杆菌病、链球菌病、中后期的急性禽霍乱、喹乙醇中毒等。

2）鸡排出黄白色或灰白色粪便：常见于雏鸡白痢、成鸡伤寒、鸡传染性法氏囊病、肾病变型传染性支气管炎、痛风、溃疡性肠炎早期、急性禽霍乱的初期等。

3）鸡排血便：表明消化道出血，但由于消化道出血的部位不同，血便的颜色有明显差异。若粪便呈咖啡色、褐红色，见于消化道前部出血，如鸡小肠球虫病、坏死性肠炎、肌胃糜烂出血、变质鱼粉中毒等；若粪便呈鲜红色，常见于鸡盲肠球虫病，偶见于鸡传染性法氏囊病。

4）排硫黄样粪便：见于鸡组织滴虫病（黑头病）。

5）排橘红色肉沫样、带血丝粪便：见于鸡肠道综合征、鸡的肠炎等。排水样稀便，常见于高钙性痛风、桔青霉毒素中毒、食盐中毒等。

此外，在禽流感、淋巴白血病、传染性鼻炎、蛔虫病、绦虫病、维生素 B_3 缺乏、鸡曲霉菌病后期、有机磷或有机氯等农药（杀虫剂）中毒等也可见腹泻症状。鸡粪便的颜色及形态的变化见图 4-17。

五、舌头的变化

1）舌头边缘有白斑：见于蛋鸡和种鸡的霉菌毒素中毒或鸡舍内的湿度过低。

2）舌头的颜色呈暗黑色：见于鸡的维生素 B_3 缺乏症、镰刀菌属霉菌毒素中毒等。

健康鸡排出的单个粪便

规模化养鸡场健康鸡排出的清粪板上的粪便

白色石灰样稀便

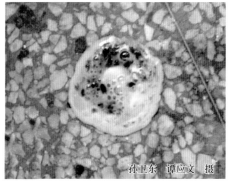

黄绿色稀便

图 4-17　鸡粪便的颜色及形态的变化

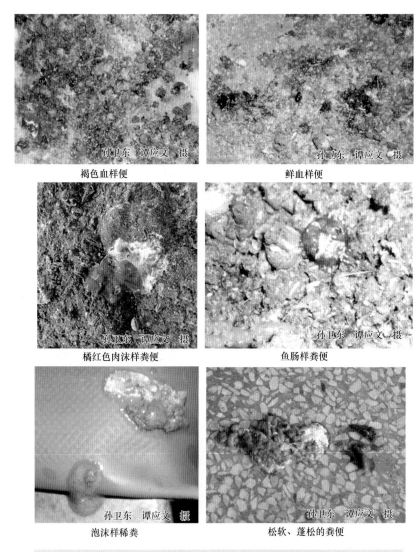

褐色血样便　　　　　　　　　　　鲜血样便

橘红色肉沫样粪便　　　　　　　　鱼肠样粪便

泡沫样稀粪　　　　　　　　　　　松软、蓬松的粪便

图 4-17　鸡粪便的颜色及形态的变化（续）

　　3）舌头被绳套套住：多因鸡采食了带丝线的食物或小孩用绑有蛙腿的细线逗鸡采食后所致。

六、口腔黏膜的变化

1）口腔、咽喉部的黏膜上有"白喉型"伪膜（见图 4-18）：常见于鸡痘。发生白喉型鸡痘时，可导致口腔、食道出现病变，开始在黏膜表面形成微隆起、白色不透明小结节，随后这些结节迅速增大，并融合成黄白色、干酪样坏死的白喉样膜，若将其剥去，可出现出血糜烂。口腔黏膜结痂和溃烂，也见于镰刀菌属霉菌霉素等中毒。

2）口腔黏膜有白色伪膜和溃疡：见于念珠菌（鹅口疮）、酵母菌、毛细线虫属的蠕虫或某些霉菌的感染等。

七、食道的变化

1）上消化道（尤其是食道）内有黑色内容物：常见于变质鱼粉中毒、呕吐毒素中毒等。

2）口腔、咽和食道有小的白色的脓疮：有的病例可波及嗉囊，脓疮的直径可达 2mm，见于鸡维生素 A 缺乏。

3）食道黏膜上有数量不等、大小不一的红色或紫红色出血斑点（见图 4-19），重症病例的出血灶连成一片，常见于高致病性禽流感；而食道下段黏膜有出血斑，则见于鸡呋喃丹中毒。

郎应仁　摄

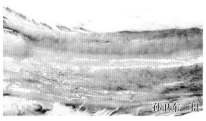
孙卫东　摄

图 4-18　病鸡口腔、咽喉部黏膜上的"白喉型"伪膜

图 4-19　食道黏膜上有出血斑点

4）食道黏膜糜烂、溃疡：见于鸡高锰酸钾中毒、鸡生石灰中毒等，偶见巨食道病鸡（见图 4-20）。

唐芬兰 摄

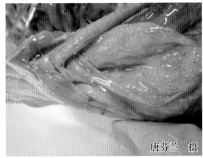
唐芬兰 摄

图 4-20　巨食道病鸡（右为剖开的食道）

八、嗉囊的变化

1）嗉囊内积满黏液，嗉囊下垂（见图 4-21）：见于鸡新城疫、嗉囊卡他等。

2）嗉囊内积满煤焦油样的液体：见于鸡变质鱼粉中毒、某些霉菌毒素中毒等。

3）嗉囊内容物有刺鼻的蒜臭味：见于鸡有机磷中毒。

4）嗉囊内充满食物：见于鸡嗉囊阻塞、嗉囊秘结。

5）嗉囊黏膜增厚，黏膜上有灰黄色或灰白色、形态不一、隆起的渗出物或伪膜（见图 4-22）：常见于念珠菌病。

孙卫东 摄

孙卫东 摄

图 4-21　嗉囊下垂

图 4-22　病鸡嗉囊黏膜增厚，黏膜上有灰黄色或灰白色的渗出物

九、腺胃的变化

1）腺胃肿大，表现为腺胃肿胀得比肌胃还大：剖开腺胃，若腺胃壁肿胀增厚，黏膜上乳头肿胀、水肿或黏膜乳头出血（见图4-23），多见于鸡传染性腺胃炎、网状内皮组织增殖症。

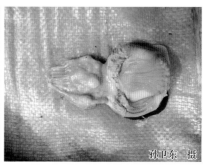

图 4-23　病鸡的腺胃显著肿大，腺胃乳头肿胀

2）腺胃球状肿大（见图4-24）：剖开后若腺胃壁未增厚，黏膜上乳头无明显可见变化，则见于饲料中纤维素缺乏或饲料的粒度过细等。

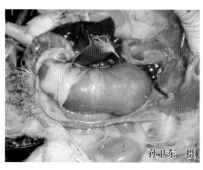

图 4-24　病鸡的腺胃球状肿大

3）若腺胃壁增厚，有凹凸不平、有丘状灰白色结节状肿瘤物（见图4-25）：多见于鸡马立克氏病、白血病、网状内皮组织增殖症等。

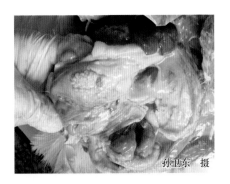

图 4-25 病鸡的腺胃壁增厚,有丘状灰白
色结节状肿瘤物

4)腺胃乳头或黏膜出血(见图 4-26):见于鸡新城疫、禽流感,喹乙醇中毒、急性禽霍乱;也可见于鸡传染性贫血等。

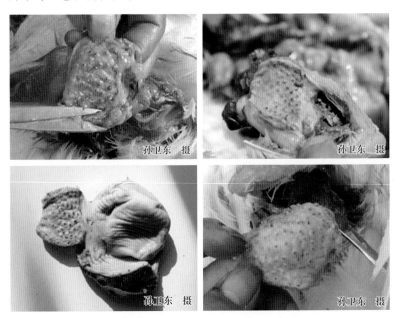

图 4-26 病鸡的腺胃乳头或黏膜出血

5）腺胃黏膜糜烂、溃疡（见图4-27）：见于鸡呕吐毒素中毒。

6）腺胃乳头水肿：乳头比正常乳头显著增大（见图4-28），严重者相邻的乳头互相拥挤、融合在一起，界限模糊，常见于鸡传染性腺胃炎的早期，也见于雏鸡的维生素E缺乏症、禽脑脊髓炎。

7）腺胃上有寄生虫：见于散养鸡旋形华首线虫病、钩状唇口线虫病。

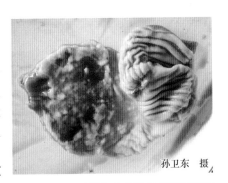

孙卫东 摄

图 4-27 病鸡的腺胃黏膜糜烂、溃疡

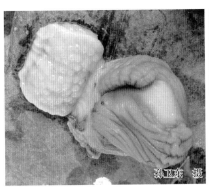
孙卫东 摄

孙卫东 摄

图 4-28 病鸡的腺胃乳头水肿、腺胃壁增厚

十、腺胃与肌胃交界处出血

腺胃与肌胃交界处发生溃疡和出血时，在病变部位有凹陷的烂斑，呈暗褐色或鲜红色，大小不一、数量不等，严重的病灶呈带状连成一片（见图4-29），常见于鸡传染性法氏囊病，也见于变质鱼粉中毒、磺胺类药物中毒。

十一、肌胃的变化

1）肌胃浆膜和脂肪上有小点状出血囊，呈紫红色、轮廓清晰、形态和大小基本一致，见于鸡住白细胞虫病的一些病例中。肌胃上的脂肪层液化、减少甚至消失，常见于鸡营养不良、鸡慢性消耗性疾病等。

2）肌胃内壁的异物（见图4-30）：常来源于混入饲料或垫料的订书钉。

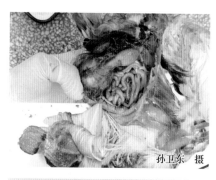

孙卫东　摄

孙卫东　摄

图 4-29　病鸡的腺胃与肌胃交界处出血　　　图 4-30　病鸡肌胃内壁的订书钉

3）肌胃角质层粗糙，甚至糜烂、出血（见图4-31）：这种病变可见于多种疾病，但不同的疾病，表现有一定的差异。如铜过量时，肌胃角质层变得粗糙甚至糜烂；雏鸡锌过量时，肌胃角质层粗糙，颜色苍白，偶见裂开和糜烂。

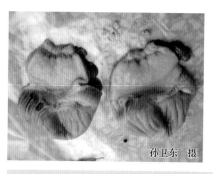

孙卫东　摄

孙卫东　摄

图 4-31　病鸡肌胃角质层粗糙、糜烂

4）肌胃糜烂、出血，角质膜变黑脱落（见图4-32），严重者出现胃穿孔，内容物呈黑色：多见于饲喂变质鱼粉中毒、某些霉变饲料中毒（如赤霉菌毒素中毒）。

5）肌胃角质层变得粗糙，角质膜和内容物呈绿色：见于鸡的高热性疾病或胆汁反流引起胆酸或氧化胆酸的作用所致。

6）肌胃角质层下有出血斑点：表现为肌胃角质层易剥离，角质层下的肌胃上有数量不等、大小不一、呈红色或紫红色的出血点或出血斑（见图4-33），见于鸡新城疫、铜过量、喹乙醇中毒等。

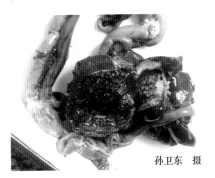

孙卫东　摄

图 4-32　病鸡肌胃糜烂、出血，角质膜变黑脱落

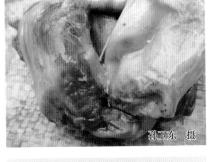

孙卫东　摄

图 4-33　病鸡肌胃角质层下有出血斑点

7）肌胃肌肉变性（见图4-34）并有白色结节，多见于鸡白痢；肌胃肌肉的肿瘤样变，见于鸡内脏型马立克氏病。此外，也见于硒缺乏症。

十二、十二指肠的变化

1）十二指肠及其后面的小肠肠壁上有芝麻粒大小的出血点（见图4-35）：见于鸡副伤寒，在鸡新城疫强毒感染的病例中也可见到这种病变。

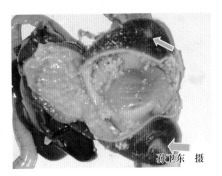

孙卫东　摄

图 4-34　病鸡肌胃肌肉变性（箭头所示）

2）十二指肠充血呈紫红色（见图4-36）：通常发生在全身，特别是腹腔脏器静脉充血，多见于急性禽霍乱。

3）十二指肠黏膜出血或有溃疡（见图4-37）：不同的病例和不同的

病程，十二指肠黏膜病变程度不一，呈现的现象也不一样。较轻时，紫红色的出血斑点呈散射状，数量较少；严重的，出血斑点连成一片，肠腔内容物都呈血样，呈红褐色或紫红色；有的并发溃疡。在发生禽霍乱或鸡副伤寒时，常见到十二指肠严重出血；鸡新城疫时，常见到十二指肠弥漫性出血；高致病性禽流感病例中也有出血病变。

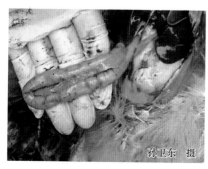

孙卫东 摄

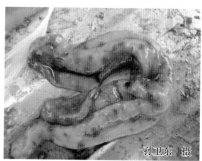

孙卫东 摄

图 4-35　病鸡十二指肠肠壁上有芝麻粒大小的出血点

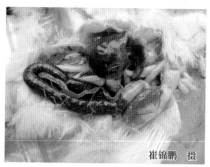

崔锦鹏 摄

图 4-36　病鸡十二指肠充血呈紫红色

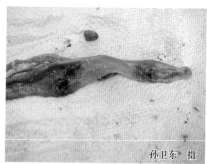

孙卫东 摄

图 4-37　病鸡十二指肠黏膜出血、溃疡

十三、小肠（空肠、回肠）的变化

1）小肠臌气，肠壁上布满大量的出血点：在小肠的前 1/3 肠管增粗，呈膨胀状态，外观肠壁上有大量散在的紫红色出血小点或白斑（见图 4-38），肠管色泽从苍白到紫红色不等。剪开肠管，见肠管内有水样、

血样、泡沫血样液体（见图4-39），
黏膜表面散布着密密麻麻的红色或
紫红色出血小点，多见于由巨型艾
美耳球虫引起的小肠球虫病；小肠
后半部肿胀，肠腔内充满红色黏液，
多见于由毒害艾美耳球虫引起的小
肠球虫病。

2）小肠臌气肿胀、伴有肠道
变色：病鸡的肠道表现为肠道扩
张并充满气体，比正常的肠管要
粗，呈膨胀状态，有弹性，肠壁
变薄，严重者呈半透明状；有的

孙卫东　摄

图 4-38　病鸡小肠肠壁上布满大量
的出血点

病例臌气的小肠外观呈紫红色或紫黑色（见图4-40），有这种病变时，
肠道内可有大量暗黄、绿色或豆腐渣样的内容物（见图4-41）；有的病
例小肠黏膜发生坏死性变化，表现为肠黏膜表面黏附着灰黄色或灰绿
色的一层伪膜，这是由黏膜坏死组织和炎性渗出物凝结而成，坏死灶
可扩展到黏膜下和肌层，肠道有出血斑点。以上情况多见于鸡的坏死
性肠炎等。

孙卫东　摄

孙卫东　摄

图 4-39　病鸡小肠出血，剖开后肠内可见血样内容物

3）小肠黏膜溃疡，发生黏膜溃疡的部位，表面黏附有灰黄色、糠麸
样的物质，脱落或剥离后可见红色的圆形或不规则的凹陷：多见于溃疡
性肠炎、坏死性肠炎、鸡新城疫等。

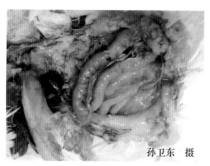
孙卫东 摄

图 4-40 病鸡肠管发黑、伴有
炎性渗出

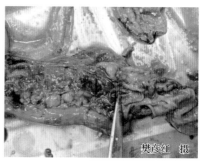
樊彦红 摄

图 4-41 病鸡肠道内有大量豆腐
渣样的内容物

4）小肠壁上有枣核状出血、溃疡灶：表现为在病鸡的十二指肠（见图 4-37）、回肠等部位出现局灶性出血和溃疡的病变，形似一个个紫红色的枣核，而且在肠的浆膜面也能看到这些凸起的病灶，多见于鸡新城疫。

5）小肠壁上的肿瘤结节（见图 4-42）：表现为在肠道的不同部位表面有大小不一、灰白色的隆起结节，当数个相邻肿瘤结节明显隆起时，好似串珠一般排列在一起。多见于鸡白血病、网状内皮组织增殖症等。

6）小肠扭转（见图 4-43）：表现为肠道出血和坏死，这种病例较为少见。

孙卫东 摄

图 4-42 病鸡小肠壁上的肿瘤结节

孙卫东 摄

图 4-43 病鸡小肠扭转

7）小肠阻塞：往往是由于某段小肠的损伤引起肠腔变窄，导致阻塞前段肠管膨大（见图4-44），剖开肠管后能在肠管膨大段的后端发现损伤（溃疡）（见图4-45）。

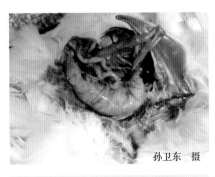

孙卫东 摄

图 4-44 病鸡小肠阻塞前段
肠管膨大

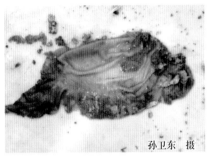

孙卫东 摄

图 4-45 剖开肠管后能在肠管膨大段
的后端发现溃疡

8）小肠肠管变细、瘀血：多见于腹内压增高的一些疾病，如肉鸡腹水综合征、蛋鸡的输卵管积液等。而小肠粗细不均（见图4-46），多见于鸡长期消化不良、肠毒综合征等。

9）小肠内的寄生虫：剪开小肠，发现肠道内有蛔虫的成虫（见图4-47），虫体细长，长50~116mm，呈圆柱状、乳白色，虫体稍弯曲，虫体的数量不等，多

孙卫东 摄

图 4-46 鸡的小肠粗细不均

时密密麻麻，互相缠绕在一起，充满整个肠管，引起肠道阻塞，有时在腺胃和肌胃内也可发现蛔虫的虫体；剪开小肠，发现肠道内有绦虫（见图4-48），呈结节带状、乳白色，因绦虫种类不同，虫体长短不一，短的仅数毫米，长的可达数厘米。

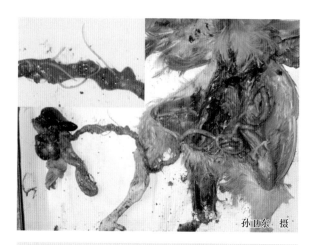

孙卫东 摄

图 4-47　鸡小肠内的蛔虫

孙卫东　摄

图 4-48　鸡小肠内的绦虫

十四、盲肠的变化

1）盲肠肿大、发紫，外观似紫茄子：这是盲肠黏膜发生严重炎症、出血的结果。剪开肠管见盲肠内充满大量红色、红褐色的血凝块、血液（见图 4-49），盲肠的肠壁增厚，浆膜上有色泽更深的出血斑点。多见于鸡的盲肠球虫，偶见于鸡磺胺类药物中毒。

2）盲肠肿胀，内有干酪样栓子或伴有血染，外观似香蕉（香肠）：表现为盲肠肿胀得像两个香蕉（香肠），剖开盲肠可见内有干酪样栓子（盲肠芯）（见图 4-50），有的干酪样栓子伴有血染，呈红褐色或咖啡色。多见于鸡的组织滴虫病（盲肠肝炎），也可见于雏鸡白痢、鸡伤寒或鸡副伤寒、恢复期的盲肠球虫病等。

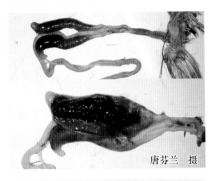

唐芬兰 摄

图 4-49 鸡盲肠肿大、出血

孙卫东 摄

图 4-50 鸡盲肠内的干酪样渗出物

3）盲肠内有细小的鸡异刺线虫：剪开盲肠时，肠道内有细小的鸡异刺线虫虫体，长 7~15mm，呈圆柱状、乳白色，表现不同的卷曲状态，多时密密麻麻，达数百条。虫体侵入盲肠黏膜时，会引起肠壁淋巴细胞侵染和肉芽形成等。

十五、直肠的变化

1）直肠有条纹状出血（见图 4-51）：多见于鸡新城疫。

孙卫东 摄

图 4-51 鸡直肠的条纹状出血

2）直肠有丘疹样突起变化（见图 4-52）：见于变位艾美耳球虫感染。

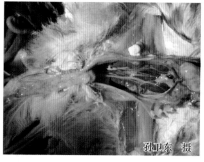
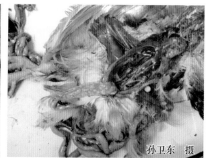

孙卫东 摄　　　　　　　　　　孙卫东 摄

图 4-52　鸡直肠上的丘疹样突起

十六、肠系膜的变化

1）肠系膜上有肉芽结节：表现为在肠系膜上可见到数量不等、大小不一的肉芽组织结节，多见于鸡大肠杆菌病。

2）肠壁及肠系膜上有黄白色的结节（见图 4-53）：表现为在肠壁和肠系膜上附着一个个性状和大小有一定差异、数量不等、呈单个或集群的黄白色结节，见于禽结核病、鸡马立克氏病、淋巴白血病等。

孙卫东 摄

图 4-53　鸡肠壁及肠系膜上有黄白色的结节

十七、泄殖腔的变化

1）雏鸡泄殖腔周围沾有白色或黄绿色粪便：表现为雏鸡的泄殖腔周围的羽毛上沾有白色或黄绿色粪便，有的形成"糊肛"现象（见图 4-54）。多见于鸡白痢、鸡伤寒和鸡副伤寒。

2）泄殖腔脱出（见图 4-55）：多见于鸡难产，也可见于产蛋猝死的鸡。

3）啄肛（见图 4-56）：多见于鸡的难产、蛋鸡开产的初期。

孙卫东 摄

孙卫东 摄

图 4-54 雏鸡"糊肛"

孙卫东 摄

图 4-55 鸡泄殖腔脱出

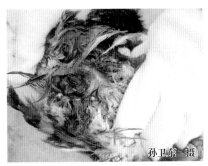

孙卫东 摄

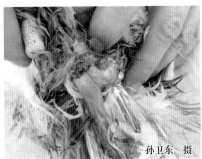

孙卫东 摄

图 4-56 鸡啄肛

4）泄殖腔黏膜充血、出血：表现为黏膜潮红，有弥漫性紫红色出血斑等变化（见图4-57），见于鸡新城疫、高致病性禽流感、鸡泄殖腔炎、鸡难产、啄肛等。

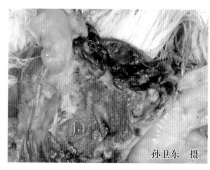
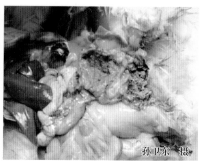

孙卫东　摄　　　　　　　　　　孙卫东　摄

图 4-57　鸡泄殖腔黏膜充血、出血和坏死

5）泄殖腔周围羽毛上沾染粪便（见图4-58）：多见于鸡的多种腹泻性疾病，或由于鸡行走障碍致使粪便沾染在泄殖腔周围的羽毛上。

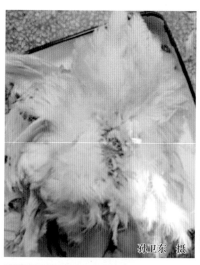

孙卫东　摄　　　　　　　　　　孙卫东　摄

图 4-58　鸡泄殖腔周围羽毛上沾染的粪便

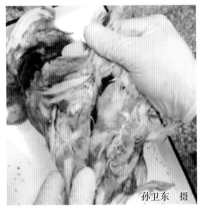

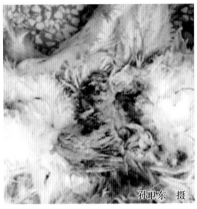

孙卫东 摄　　　　　　　孙卫东 摄

图 4-58　鸡泄殖腔周围羽毛上沾染的粪便（续）

十八、肝脏的变化

1）肝脏肿胀，呈青铜色或墨绿色：表现为肿大的肝脏发绿，呈绿褐色或青铜色（见图 4-59），边缘钝圆，肝包膜紧张，切开肝脏后切面外翻。多见于鸡伤寒。

2）肝脏肿胀，呈土黄色或黄褐色（见图 4-60）：表现为肿大的肝脏色泽浅红或棕黄，边缘钝圆，肝包膜紧张，切开肝脏后切面外翻、质脆。多见于鸡脂肪肝综合征、产蛋青年母鸡胆碱缺乏症、黄曲霉毒素中毒、磺胺类药物中毒等。

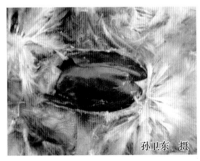

孙卫东 摄

图 4-59　鸡肝脏肿胀，呈青铜色或墨绿色

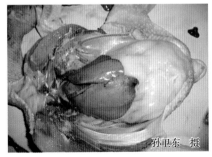

孙卫东 摄

图 4-60　鸡肝脏肿胀，呈土黄色

3）肝脏肿大，硬化（见图 4-61）：呈土黄色，表面粗糙不平，见于鸡慢性黄曲霉毒素中毒、严重的肉鸡腹水综合征。

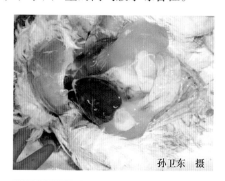

孙卫东　摄

图 4-61　肉鸡腹水综合征重症病例形成的肝脏肿大、硬化

4）肝脏极度肿大（见图 4-62）：可延伸至泄殖腔处且质地柔软易碎，见于鸡大肝大脾病、鸡淋巴细胞性或成髓细胞性白血病。

孙卫东　摄

孙卫东　摄

图 4-62　鸡肝脏极度肿大（右为肝脏的横切面）

5）肝脏肿大，黏附大量黄白色纤维素：表现为肝脏表面覆盖着一层黄白色或灰白色的纤维蛋白膜（肝周炎）（见图 4-63），此时腹腔中可有积液和纤维素渗出物，甚至可发生内脏粘连。常见于鸡大肠杆菌病、鸡毒支原体（霉形体）感染后期。

6）肝脏肿大，表面有尿酸盐沉积（见图 4-64）：表现为肝脏表面、其他内脏器官、肠系膜有大量尿酸盐沉着。常见于鸡痛风、鸡肾型传染性支气管炎、鸡水缺乏症等。

孙卫东 摄

图 4-63　鸡肝脏肿大，表面覆盖着黄白色或灰白色渗出物

孙卫东 摄

图 4-64　鸡肝脏肿大，表面有尿酸盐沉积

7）肝脏肿大，表面有胶冻样渗出物（见图 4-65）：表现为肝脏表面有胶冻样渗出，同时伴有腹腔积液等。常见于肉鸡腹水综合征。

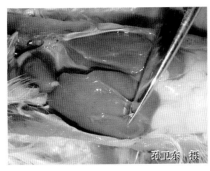

孙卫东 摄

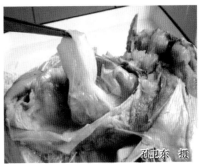

孙卫东 摄

图 4-65　鸡肝脏肿大，表面有胶冻样渗出物

8）肝脏肿大、褪色，或伴有大量的出血斑点：在鸡传染性贫血的一些病例中，表现为肝脏肿胀、边缘钝圆、颜色变浅，切开肝脏后切面外翻；在一些鸡包涵体肝炎的病例中，可见肿胀、褪色的肝脏上有大量出血斑点。

9）肝脏肿大，表面有圆形或不规则的粟粒至黄豆大小的坏死灶：表现为肿胀的肝脏发生严重的坏死和变色，肝脏表面有数量不等、呈圆形或不规则、中央下陷、周边隆起成环状、周围一圈呈灰黄褐色的坏死灶，或带有红色或紫红色出血变化，多见于鸡组织滴虫病（盲肠肝炎）。

10）肝脏肿大，有星状坏死灶（见图4-66）：表现为肝脏肿大、肝脏边缘钝圆、切开肝脏后切面外翻，质地变脆、易碎，肝脏上有数量不等、形态和大小基本一致、呈星状的白色弥漫性坏死灶，多见于鸡弯曲杆菌病（弧菌性肝炎）。

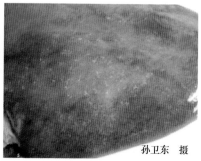

孙卫东　摄　　　　　　　　　　　　　　　　孙卫东　摄

图4-66　鸡肝脏肿大，有星状坏死灶（右为局部放大的照片）

11）肝脏肿大，有不同性状的灰白色坏死灶（见图4-67）：表面有广泛密集的点状灰白色坏死灶，见于急性禽霍乱；表面有散在的灰白色或灰黄色坏死灶，多见于急性鸡白痢、鸡伤寒、鸡副伤寒、鸡链球菌病、鸡大肠杆菌病，偶见于鸡衣原体病、鸡李氏杆菌病。

孙卫东　摄

图4-67　鸡肝脏肿大，表面有针尖大的灰白色坏死点

12）肝脏有大量灰白色或浅黄色结节（见图4-68），切面呈干酪样：见于成年鸡结核病。

13）肝脏上有数量不等、大小不一的乳白色肿瘤结节（见图4-69）：肝脏发生肿瘤病变时，可呈现多种变化。肝脏上凸起的肿瘤结节或肿块大小不一、形态各异、数量不等。有的只有数个肿瘤，有的散布了数不清的结节，有的肿瘤很大、凸起呈岛状，有的为粟粒状。当肿瘤呈弥漫性时，整个肝脏增大。肿瘤部位呈灰白色，质地平滑，使整个肝脏呈斑驳状，凹凸不平。偶见整个肝脏纤维化，很坚韧，切割似沙砾样。多见于鸡马立克氏病、鸡淋巴白血病、鸡网状内皮组织增殖症。

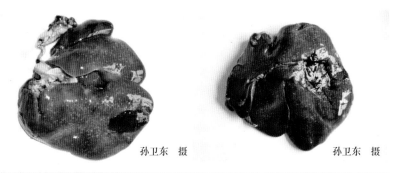
孙卫东　摄　　　　　　孙卫东　摄

图4-68　肝脏有大量灰白色或浅黄色结节（右为肝脏的腹面）

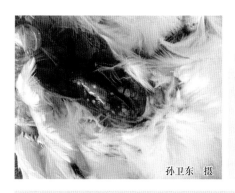
孙卫东　摄　　　　　　孙卫东　摄

图4-69　鸡肝脏上有数量不等、大小不一的肿瘤结节

14）肝脏上有大小不一的血囊（血管瘤）：表现为肿胀的肝脏表面散布着大小不一、数量不等的紫黑色血囊（见图4-70），有的可能已经破裂，切开肝脏，切面上可见出血灶。多见于白血病引起的肝脏血管瘤病变。

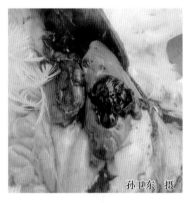

孙卫东　摄

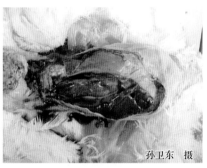

孙卫东　摄

图4-70　鸡肝脏上有大小不一的血囊

图4-71　病鸡肝脏破裂，肝被膜下有血凝块

15）肝脏破裂出血或肝包膜下形成血囊（血凝块）：肝脏破裂时可在肝脏上面找到破裂口，但因病程或病因不同，可在肝包膜下形成数量不等、大小不一的血囊或血凝块（见图4-71），有的肝包膜破裂，则腹腔中积有血液或血凝块。引起肝脏破裂的原因有多种，不同的疾病，肝脏的变化也不一样。发生脂肪肝综合征时，肝脏明显肿大，呈黄褐色、质脆（见图4-72），切面有油腻感。发生白血病或马立克氏病时，肝脏有肿瘤结节。此外，在鸡弯曲杆菌病、胆碱缺乏、应激、疫苗注射不当的病例中也可见到类似的病变。

16）胆囊充盈、肿大（见图4-73），胆汁浓、呈墨绿色：见于鸡的急性传染病，如禽霍乱、鸡白痢、鸡住白细胞虫病、某些药物中毒等。

17）胆囊空虚、无胆汁，胆内容物呈浅红色、血样（见图4-74）：见于肉鸡猝死综合征。

孙卫东　摄

图 4-72　病鸡肝脏质脆，切面易
　　　　　碎如泥样

孙卫东　摄

图 4-73　鸡胆囊充盈、肿大

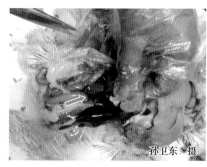

孙卫东　摄

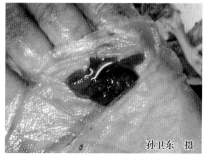

孙卫东　摄

图 4-74　病鸡的胆囊小或空虚（左）、胆囊内有少量浅红色液体（右）

十九、胰腺的变化

1）胰腺上有浅黄色或灰褐色斑点或暗红色区域（出血和坏死）（见图 4-75）：表现为沿着胰腺的长轴有浅黄色或灰褐色斑点或暗红色区域，浅黄色或灰褐色斑点可能是该部位胰腺组织坏死，暗红色区域是发生瘀血或充血的结果。多见于高致病性禽流感。

2）胰腺上有紫红色点状出血：表现为胰腺发生出血性炎症，胰腺上出现数量不等、呈红色或紫红色的出血点，重症病例的出血点可散布整个胰腺。多见于鸡新城疫。也见于腹膜炎时波及胰腺（见图 4-76），使胰腺发生炎症、出血的病例。

图 4-75　鸡胰腺出血

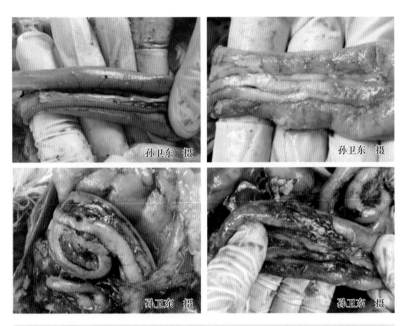

图 4-76　鸡腹膜炎引起的胰腺出血和坏死

3）胰腺萎缩（见图4-77）、苍白而坚硬、腺管阻塞，见于肉鸡传染性生长障碍综合征（矮小综合征）；胰腺萎缩呈棉线状，见于鸡的慢性霉败饲料中毒；胰腺萎缩、腺细胞内有空泡形成，并有透明小体，见于鸡硒、维生素E缺乏症。

4）胰腺上有灰白色肿瘤结节：表现为在胰腺上可见到灰白色肿瘤样结节（见图4-78），严重时整个胰腺完全被肿瘤样组织替代。见于鸡马立克氏病。

5）胰腺和肠壁上有小点出血囊：表现为在胰腺和肠壁上有散在的、形态和大小基本一致、呈红色或紫红色、突起的一个个点状出血囊。多见于鸡住白细胞虫病。

孙卫东　摄

图4-77　鸡胰腺萎缩

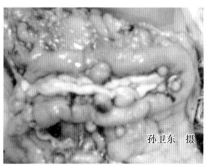

孙卫东　摄

图4-78　鸡胰腺上的肿瘤结节

第三节　鸡腹泻的诊断思路及鉴别诊断要点

一、诊断思路

当发现鸡群中出现以腹泻为主要临床表现的病鸡时，首先应考虑的是消化系统的疾病，此外，还要考虑引起与鸡腹泻相关的泌尿系统疾病以及饲养系统因素等引起的疾病。其诊断思路见表4-1。

表 4-1　鸡腹泻的诊断思路

所在系统	损伤部位或病因		初步印象诊断
消化系统	消化器官	橡皮喙	雏鸡的佝偻病
		口腔炎症	鹅口疮、黏膜型鸡痘
		食道上的小脓包	维生素 A 缺乏
		嗉囊炎	念珠菌病、嗉囊卡他等
		腺胃肿大	鸡传染性腺胃炎、马立克氏病、雏鸡白痢等
		腺胃乳头出血	鸡新城疫、禽流感、急性禽霍乱、喹乙醇中毒等
		肌胃糜烂	变质鱼粉中毒
		腺胃与肌胃交界处出血	鸡传染性法氏囊病
		肠道炎症	出血性肠炎、溃疡性肠炎、坏死性肠炎
		肠道寄生虫	蛔虫、绦虫等
	消化腺	肝脏肿瘤	鸡马立克氏病、鸡淋巴白血病、网状内皮组织增殖症等。
		肝脏的炎症	弯曲杆菌病、包涵体肝炎、盲肠肝炎
		肝脏上的点状坏死灶	禽霍乱、雏鸡白痢、伤寒、副伤寒等
		肝脏破裂	脂肪肝综合征、胆碱缺乏、马立克氏病等
		肝脏表面的渗出物	鸡大肠杆菌病、鸡毒支原体感染、鸡痛风等
		胰腺出血和坏死	新城疫、高致病性禽流感
泌尿系统	肾脏尿酸盐沉积致肾脏功能异常		鸡传染性法氏囊病、肾型传染性支气管炎、痛风等
	肾脏的水重吸收功能受阻引起多尿症		桔青霉毒素、赭曲霉毒素中毒等
管理系统	饮水或饲料不洁或污染，饮水温度或高或低		鸡大肠杆菌病、鸡沙门氏菌病、肉鸡肠毒综合征等
	冬季冷风直接吹到鸡的身上		鸡受凉腹泻等
	饲料中麦类使用过多或酶制剂失效，引起过料、饲料便		鸡消化不良等

二、鉴别诊断要点

引起鸡腹泻的常见疾病的鉴别诊断要点见表 4-2。

表4-2　引起鸡腹泻的常见疾病的鉴别诊断要点

病名	易感时间	流行季节	群内传播	发病率	病死率	粪便	呼吸	鸡冠肉髯	神经症状	胃肠道	心脏、肺脏、气管和气囊	其他脏器
禽流感	全龄	无	快	高	高	黄褐色稀粪	困难	发绀肿大	部分鸡有	严重出血	肺脏充血和水肿、气囊有灰黄色渗出物	腺胃乳头肿大、出血
新城疫	全龄	无	快	高	高	黄绿色稀粪	困难	有时发绀	部分鸡有	严重出血	心冠出血、肺脏瘀血、气管出血	腺胃乳头、泄殖腔出血
传染性法氏囊病	3~6周龄	4-6月	很快	很高	较高	石灰水样稀粪	急促	正常	正常	出血	心冠出血	胸肌、腿肌、法氏囊出血
禽霍乱	成年鸡	夏、秋季	较快	较高	较高	草绿色稀粪	急促	部分鸡肉髯肿大	正常	严重出血	心冠脂肪沟有副状纹出血	肝脏、脾脏有点状坏死灶
鸡白痢	0~2周龄	无	快	不高	较高	白色糊状粪便	困难	有时发绀	正常	出血	心冠脂肪沟有坏死结节	肝脏、脾脏肿大、卵黄吸收不良
鸡副伤寒	1~3周龄	无	快	较高	较高	白色如水	正常	正常	正常	出血	肺脏有坏死结节	肝脏、脾脏瘀血
败血型大肠杆菌病	中雏鸡	无	较慢	较高	较高	稀粪	困难	有时发绀	正常	炎症	心包炎、气囊炎	表面有条纹状出血血斑、肝周炎

（续）

鉴别诊断要点

病名	发病日龄	季节	病程			粪便				小肠		
球虫病	4~6周龄	春、夏季	较快	较高	较高	棕红色稀粪或鲜血便	正常	正常	正常	盲肠出血 小肠后段出血	正常	小肠有时有坏死灶
蛔虫病	小于3月龄	无	慢	不高	不高	有时粪便带血	正常	正常	正常	正常	正常	小肠有时有蛔虫和坏死灶
绦虫病	全龄	无	慢	不高	不高	粪便稀或薄或带血样黏液	正常	正常	有时瘫痪	肠黏膜出血	正常	肠腔内有大量虫体
内脏型痛风	全龄	无	无	较高	较高	石灰水样稀粪	正常	正常	有时瘫痪	正常	心包膜有尿酸盐沉着	肾脏肿大呈花斑样、浆膜有尿酸盐沉着

第五章

鸡心血管系统
疾病的诊断

鸡心血管系统疾病的发生

一、鸡心血管系统解剖生理特点

鸡的心血管系统包括心脏和血管，心脏占体重的比例较大，为4%~8%。鸡的心脏呈倒立圆锥形，外覆有心包，位于胸腔后下方，心底与第一肋和第二肋相对，心尖位于左右两肝叶之间，与第五肋相对（见图5-1）。心脏包括两个心房和心室，右房室口的瓣膜不是三尖瓣，而是一片肌肉瓣，且没有腱索（见图5-2）。血管包括动脉、静脉和毛细血管。

二、鸡心血管系统疾病发生的因素

（1）**生物性因素**　包括病毒（如鸡传染性贫血病毒、禽淋巴白血病病毒等）、某些寄生虫（如住白细胞虫病）等，这些疾病除了引起贫血、血液成分和性质的变化外，还可导致造血器官和免疫功能的损伤。某些细菌的菌血症（如大肠杆菌等）引起的心包、心肌损伤。

（2）**饲养管理因素**　如鸡舍通风不足缺氧引起右心衰竭等。

（3）**营养因素**　如维生素A缺乏，饲料中动物性蛋白含量过高，日粮中钙磷比例不合理（尤其是钙含量过高）等原因引起的高尿酸盐血症，引起心包膜、心脏表面尿酸盐沉积；硒缺乏引起的心肌变性等。

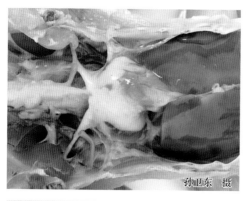

孙卫东 摄

图 5-1 鸡心脏的位置

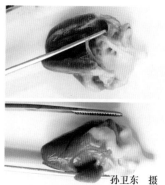

孙卫东 摄

图 5-2 鸡心脏的瓣膜（上为左房室口的二尖瓣，下为右房室口为肌肉瓣）

（4）中毒性因素 如砷中毒引起的心肌菌丝状出血等。
（5）其他因素 如高钾血症引起的肉鸡猝死综合征等。

第二节 鸡常见心血管系统典型临床症状、病理剖检变化及其相对应的疾病

一、心包炎和心包积液

1）心包发炎：表现为心包膜增厚，呈云雾状、混浊，心外膜水肿并可被覆纤维素性渗出物，心包内充满浅黄色液体（见图 5-3），可混有片状、块状或絮状纤维蛋白（见图 5-4），严重时可发现心包膜与心脏粘连或形成"绒毛心"（见图 5-5）。多见于鸡大肠杆菌病、鸡毒支原体病、鸡白痢、鸡伤寒或副伤寒、急性巴氏杆菌病、禽链球菌病等。

2）心包积液：表现为心包内积有大量的浅黄色液体（见图 5-6），内含胶冻样渗出物（见图 5-7），偶见其他炎性渗出物；心冠脂肪减少，呈胶冻样，且右心肥大、扩张（见图 5-8）；肝脏肿胀和出血。多见于鸡心包积液 - 肝炎综合征等。

孙卫东 摄

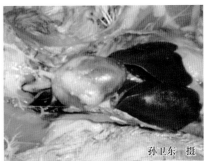

孙卫东 摄

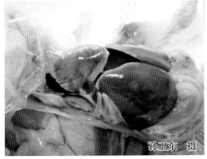

孙卫东 摄

孙卫东 摄

图5-3 鸡心包内充满浅黄色液体

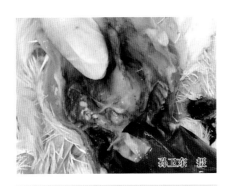

孙卫东 摄

图5-4 鸡心包积液，内有纤维
素性渗出物

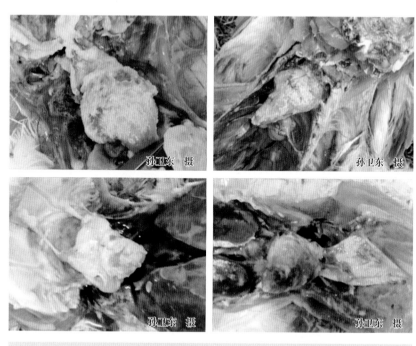

图 5-5 鸡心包膜与心脏粘连或形成"绒毛心"

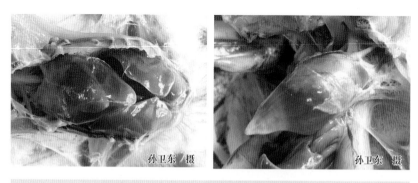

图 5-6 病鸡心包内积有大量的液体

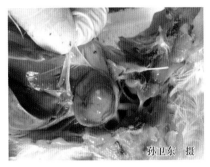
孙卫东　摄

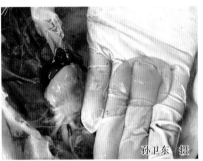
孙卫东　摄

图 5-7　病鸡心包内的积液中有时还有胶冻样渗出物

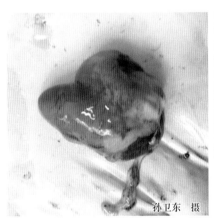
孙卫东　摄

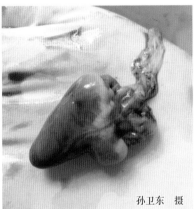
孙卫东　摄

图 5-8　病鸡的心冠脂肪减少，呈胶冻样，且右心肥大、扩张

二、心包和心脏表面附着一层石灰样物质

表现为大量白色尿酸盐沉积在心包和心脏的表面，像撒了一层生石灰，严重时可见整个心脏被白色包裹（见图5-9）。这种病变同时可在其他腹腔脏器的表面发现。多见于由维生素 A 缺乏、钙过量、磺胺药中毒、铅中毒、霉菌毒素中毒等引起的痛风，偶见于鸡肾病型传染性支气管炎、鸡传染性法氏囊病。

三、心脏外膜出血

心脏上的出血病灶，可发生在冠状脂肪和心脏的其他部位，紫红色的出血灶呈点状、斑驳状、条状、刷状，或呈弥漫性出血（见图5-10）。多见于鸡急性巴氏杆菌病、禽流感、新城疫、绿脓杆菌病、中暑、有机磷农药中毒、急性氟中毒，马杜拉霉素、喹乙醇、呋喃类药、磺胺类药、痢菌净等药物中毒。

孙卫东 摄

图5-9 鸡心包和心脏的表面有大量白色尿酸盐沉积

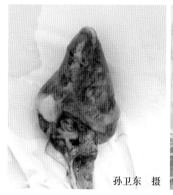

孙卫东 摄

孙卫东 摄

图5-10 鸡心脏外膜出血

四、心脏上有条纹状、结节状等不同形态的白色坏死灶

若表现为心脏上有条纹状坏死（见图5-11），多见于高致病性禽流感。若表现为心脏上有数量不等、大小不一，形态多样的呈灰白色的坏死结节（见图5-12），多见于鸡白痢、鸡伤寒、鸡副伤寒等。

孙卫东 摄

图 5-11 鸡心脏上有条纹状坏死

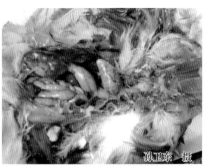

孙卫东 摄

图 5-12 鸡心脏上的灰白色的坏死
结节

五、心肌苍白（白肌病）

表现为心肌发生变性，出现褪色、变得苍白，严重的似开水煮过一样（见图 5-13）。多见于硒或维生素 E 缺乏。

六、心脏上有乳白色肿瘤结节

在心脏表面有凸起的肿瘤结节（见图 5-14），肿瘤结节呈灰白色、表面光滑、质地坚实，重症病例在心脏上可有大量肿瘤，弥散性浸染在心肌中。多见于鸡马立克氏病、禽淋巴白血病、网状内皮组织增殖症。

崔锦鹏 摄

图 5-13 鸡的心肌苍白

孙卫东 摄

图 5-14 鸡的心脏肿瘤

七、心脏上有肉芽肿

表现为心脏上有肉芽结节，突出于心脏表面，似肉瘤，呈灰白色，质地坚实、光滑，使心脏形状发生改变，变得凹凸不平（见图 5-15），切开结节可见其是由肉样组织形成的实质性结构。多见于鸡大肠杆菌病。

八、心脏上有半透明、圆珠状小结节

在心脏的表面有数量不等、但形态大小基本一致、轮廓清晰，呈圆珠状、似半透明的隆起小结节（见图 5-16）。多见于鸡住白细胞虫病。

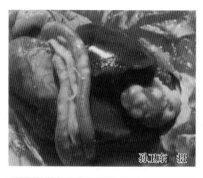
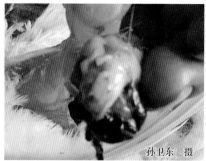

图 5-15　鸡心脏上的肉芽肿

图 5-16　鸡心脏上有半透明、圆珠状小结节

九、心肌缩小、心冠脂肪减少

表现为心脏缩小，心脏的冠状脂肪减少或成半透明状（见图 5-17）。多见于慢性传染病、严重寄生虫病或严重的营养不良，如鸡马立克氏病、淋巴白血病、鸡结核病、慢性鸡伤寒、鸡副伤寒、严重的蛔虫病和绦虫病等。

十、心冠脂肪、心肌出血

表现为心冠脂肪、心肌的点状或刷状缘出血（见图 5-18）。多见于禽霍乱、禽流感等。

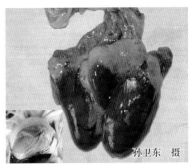

图 5-17　鸡心冠脂肪减少或
成半透明状

图 5-18　鸡的心冠脂肪、心肌
出血

十一、右心衰竭

表现为右心肥大（见图 5-19），右心室扩张（见图 5-20）。多见于肉鸡腹水综合征。

图 5-19　鸡的右心肥大（左侧心脏为
正常对照）

图 5-20　病鸡右心室扩张（左侧为正
常对照）

十二、心内膜出血

表现为心内膜出血（见图 5-21）、炎症。多见于禽流感、鸡葡萄球菌病等。

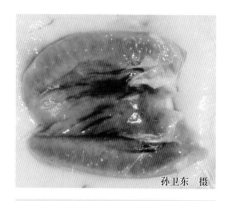

孙卫东　摄

图 5-21　鸡的心内膜出血

第六章

鸡泌尿生殖系统
疾病的诊断

鸡泌尿生殖系统疾病的发生

一、鸡泌尿生殖系统解剖生理特点

1. 鸡泌尿系统的解剖生理特点

鸡的泌尿系统由肾脏、输尿管及泄殖腔组成。鸡的肾脏呈红褐色长条扁豆状，质软而脆，每侧肾脏按其位置可明显分为前（头肾）、中（中肾）、后（尾肾）三部分，无肾盏和肾盂。肾前部略圆，中部较狭长，后部略为膨大。肾实质由许多横枕形的肾小叶构成,肾小叶分为皮质和髓质。鸡的肾脏具有双重血液供应，既有肾动脉供应的动脉血液，也有肾门静脉供应的静脉血液，流经肾脏后汇合到肾前静脉和肾后静脉，而汇入后腔静脉。输尿管为从中肾走出的一对细管，两侧对称，可分为肾部和骨盆部，直接开口于泄殖腔到顶壁两侧，尿沿输尿管送到泄殖腔与粪混合。输尿管的壁很薄，有的可看到腔内有白色尿酸盐晶体。鸡的泌尿系统见图6-1。

泌尿系统的主要功能是排泄，排出机体代谢过程中所产生的各种不为机体利用或者有害的物质、多余的水和无机盐等，维持机体的水、电解质和酸碱平衡。

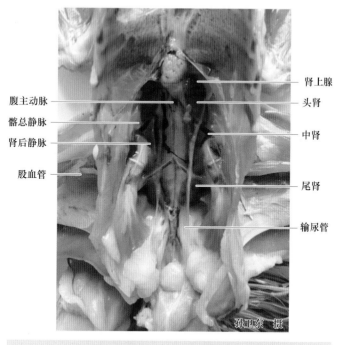

肾上腺

腹主动脉

头肾

髂总静脉

中肾

肾后静脉

股血管

尾肾

输尿管

孙卫东 摄

图 6-1 鸡的泌尿系统

2. 公鸡生殖系统的解剖生理特点

鸡的生殖系统由睾丸、附睾或睾丸旁导管系统、输精管和交媾器构成，无家畜特有的副性腺和精索结构。睾丸，在体腔内位于肾脏前，紧贴脊柱两侧，相当于倒数第一肋和第二肋间。两睾丸之间相距0.5~1.0cm，右侧睾丸比左侧睾丸略靠前，左侧睾丸比右侧睾丸稍大。形状多为长椭圆形，表面光滑。雏鸡的睾丸只有米粒或黄豆大小，浅黄色，到成鸡特别在春季配种季节，可达橄榄甚至鸽蛋大小，重量可达80g，颜色也由于形成大量精子而呈白色。因公鸡睾丸系膜短，所以紧贴于脊柱的两侧。睾丸系膜内有神经、血管、输精管等。公鸡的生殖系统见图6-2。了解公鸡的交媾器的构造有助于人工授精的操作。

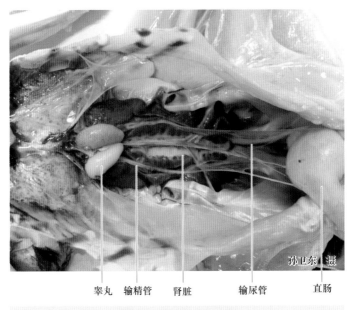

孙卫东　摄

睾丸　　输精管　　肾脏　　　　输尿管　　　　　直肠

图 6-2　公鸡的生殖系统

3. 母鸡生殖系统的解剖生理特点

母鸡的生殖系统由卵巢和输卵管两大部分组成。在鸡胚期间，母鸡胚胎有两个卵巢，但不久右侧卵巢退化消失。左侧卵巢附着于腹腔的背侧壁，在最后两条肋骨和最后肋间的地方。它的前方和上方与左肺后端相接，背侧面接肾的前叶，腹侧与腺胃和脾脏相接，内侧接后腔静脉。雏鸡的卵巢小而扁平，呈灰白色或白色，表面呈颗粒状，似鱼子块状。性成熟后，卵巢性状不规则，随年龄和性活动期，卵泡不断发育生长，突出于卵巢表面，形成大小不等的葡萄状卵泡，由细的卵泡柄与卵巢相连，破裂后将卵子释放出，卵子含有大量积聚的养料即卵黄。鸡卵泡无卵泡腔和卵泡液，排卵后不形成黄体。产蛋期常保持 4~5 个成熟卵泡和大量小卵泡，前者最大直径可达 40mm，后者的直径为 1~2mm。输卵管由喇叭部、膨大部、峡部、子宫部以及阴道部等组成。母鸡的外生殖器阴道口开口于泄殖腔。母鸡的生殖系统见图 6-3。

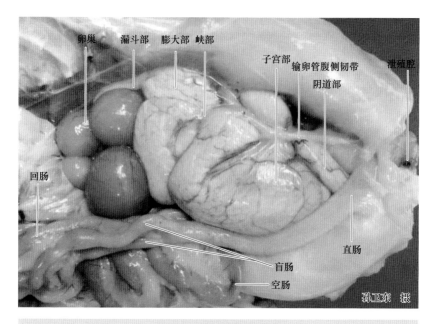

图 6-3　母鸡的生殖系统

4. 蛋的形成与产出

在生殖激素的作用下，成熟卵泡破裂而排卵，排出的卵泡被漏斗部接入，进入输卵管的膨大部。卵在膨大部首先被腺体分泌的浓蛋白包绕，由于输卵管的蠕动作用，卵泡做被动性的机械旋转，使这层浓蛋白扭转而形成系带；然后膨大部分泌的稀蛋白包围卵泡形成稀蛋白层，之后又形成浓蛋白层和最外层稀蛋白层。膨大部蠕动作用促使卵进入峡部，在此处形成内外蛋壳膜。在卵进入子宫后的约前 8h，由于内外蛋壳膜渗入了子宫液（水分和盐分），使蛋的重量增加了近 1 倍，同时使蛋壳膜鼓胀成蛋形。在膨胀初期钙的沉积很慢，进入约 4h 之后，钙的沉积开始加快，到 16h 就达到稳定的水平。子宫上皮分泌的色素卵嘌呤均匀分布在蛋壳和胶护膜上，在蛋离开子宫时在蛋壳表面覆有极薄的、有色可透性角质层。

二、鸡泌尿生殖系统疾病发生的因素

（1）生物性因素　包括病毒（如肾型传染性支气管炎病毒、传染性法氏囊病毒、鸡产蛋下降综合征病毒、新城疫病毒、禽流感病毒、马立克氏病病毒等）、细菌（如大肠杆菌等），霉菌（如桔青霉、赭曲霉等）和某些寄生虫（如组织滴虫、前殖吸虫）等。

（2）**饲养管理因素**　如鸡舍阴暗潮湿、饲养密度过大、光照不足、运动不足等。

（3）**营养因素**　如维生素 A 缺乏，饲料中动物性蛋白含量过高，日粮中钙磷比例不合理（尤其是钙含量过高）等。

（4）**药物因素**　如磺胺类药物、庆大霉素、卡那霉素以及药物配伍不当等引起的肾脏损伤。

（5）**其他因素**　如人工授精的器具未严格消毒，人工授精所用精液、精液的稀释液被病原污染等。

第二节　鸡常见泌尿生殖系统典型临床症状、病理剖检变化及其相对应的疾病

一、花斑肾

此病变是因白色的尿酸盐在肾脏组织中沉积而引起的，表现为肾脏肿大、沉积的乳白色尿酸盐与肾脏原有的色泽相间，使整个肾脏呈现花斑样变化（见图6-4）。多见于鸡肾病型传染性支气管炎、鸡传染性法氏囊病、饮水不足（见图6-5），或由维生素 A 缺乏、钙过量、磺胺类药物中毒、铅中毒、霉菌毒素中毒等引起痛风的一个病变。

二、肾脏上有肿瘤

表现为肾脏肿大褪色，有肿瘤结节（见图6-6），但因其病程不同，其外观变化也不一样。有的病例肿瘤可能是埋在肾脏实质内的灰白色结节，有的肿瘤成为取代了大部分肾脏组织的体积较大的灰黄色分叶状团块。多见于鸡内脏型马立克氏病、禽白血病。而仅在肾脏上呈囊肿状的大型肿瘤，可能是肾胚细胞瘤。鸡的肾上腺肿瘤（见图6-7）较为少见，其形成原因不明。

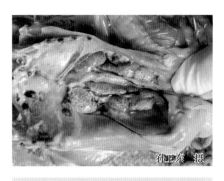

图 6-4 病鸡的肾脏肿大，白色的尿酸盐在肾脏组织中沉积引起花斑样变化

图 6-5 5日龄雏鸡因缺水引起的花斑肾

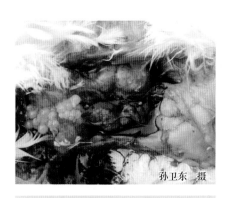

图 6-6 病鸡肾脏上的肿瘤结节

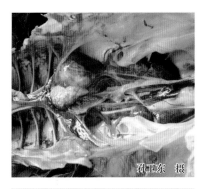

图 6-7 病鸡肾上腺上的肿瘤结节

三、肾脏上有黄色或灰白色干酪样结节

表现为在肾脏上可见到数量和大小不一、呈黄白色或灰白色干酪样结节，切开这些结节，呈现豆腐渣干酪样外观。这种病变可同时在肺脏等其他器官上见到。多见于鸡曲霉菌病。

四、肾脏充血肿胀

表现为肾脏体积增大，充血、出血（见图6-8）。这种病变可在雏鸡发生急性鸡白痢或鸡伤寒的一些病例中见到。

五、肾脏肿大出血

严重的出血，见整个肾脏呈紫红色（见图6-9），同时在腹腔中可见到大量渗出的血水。多见于鸡住白细胞虫病。此外，在包涵体肝炎、急性氟中毒、磺胺类药物中毒的一些病例中，也可见到肾脏肿胀出血，肾脏上有紫红色的出血斑块。

孙卫东 摄

图6-8 病鸡的肾脏充血肿胀

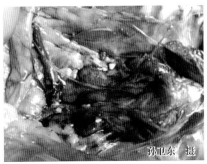

孙卫东 摄

图6-9 病鸡的肾脏肿大出血

六、输尿管内有白色尿酸盐沉积、管腔变粗

输尿管中这种白色的沉积物是尿酸盐，发生尿酸盐沉积时，不仅肾脏肿大，也可引起输尿管显著膨大，有的呈一条白色的管子（见图6-10）。多见于鸡肾病型传染性支气管炎、鸡传染性法氏囊病、雏鸡白痢、鸡脱水，或由维生素A缺乏、钙过量、磺胺类药物中毒、铅中毒、霉菌毒素中毒等引起痛风的一个病变。此外，氟中毒时，输尿管中也有白色沉积物，但肾脏前叶萎缩。

七、肾脏苍白

肾脏苍白（见图6-11）多由鸡贫血或机体突然大量失血等引起。见于雏鸡副伤寒、鸡住白细胞虫病、严重的绦虫病、吸虫病、球虫病，也可见于各种原因引起的内脏出血等。

八、卵巢肿瘤

表现为卵巢呈结节状凸起，表面光滑，质地坚实（见图6-12）。重症病例可见大量肿瘤弥散性侵染卵巢，使卵巢呈现出凹凸不平、灰白色、斑驳状，外观呈菜花样。多见于鸡马立克氏病、禽白血病。

九、卵巢充血、出血和变形

表现为在卵巢上可见有数量不一、呈斑点或连片的紫红色（见图 6-13）甚至紫黑色的出血病灶，同时整个卵巢发生变形，呈现各种形

图 6-10　病鸡肾脏肿大，输尿管内有白色尿酸盐沉积、管腔变粗

图 6-11　病鸡的肾脏苍白

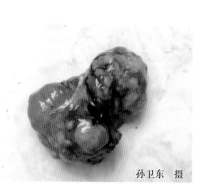

图 6-12　病鸡卵巢上的肿瘤

图 6-13　病鸡卵巢、卵泡充血、出血和变形

状的结构。多见于鸡新城疫、禽流感、传染性支气管炎、产蛋下降综合征、鸡白痢、鸡伤寒、大肠杆菌病、传染性鼻炎、鸡弯曲杆菌病、严重的绦虫病等。

十、卵泡变色、变性、水肿和出血

表现为卵泡发生变形、变色（见图6-14）、变性（见图6-15）、水肿（见图6-16）和出血（见图6-17）变化，卵巢有紫红色或紫黑色斑块。多见于鸡卵黄性腹膜炎（大肠杆菌性病）、急性巴氏杆菌病等。

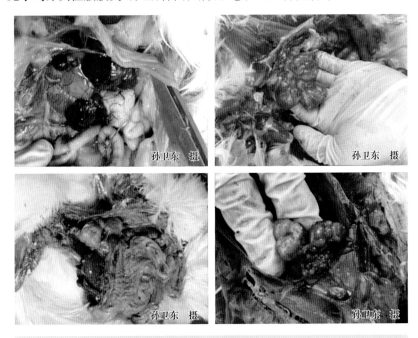

孙卫东　摄

孙卫东　摄

孙卫东　摄

孙卫东　摄

图6-14　病鸡卵泡的变形和变色

十一、卵泡破裂和卵黄性腹膜炎

表现为卵泡破裂，腹腔中有时伴有流淌的卵黄液或黏稠的卵黄，进而形成卵黄性腹膜炎。若伴有细菌性炎症（见图6-18），多见于鸡大肠杆菌性病、急性巴氏杆菌病等；若伴有组织坏死性炎症（见图6-19），则多见于禽流感、新城疫等。

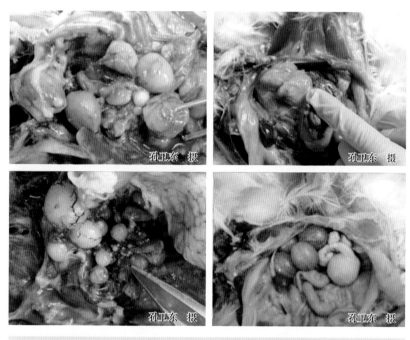

图 6-15　病鸡卵泡的变形和变性

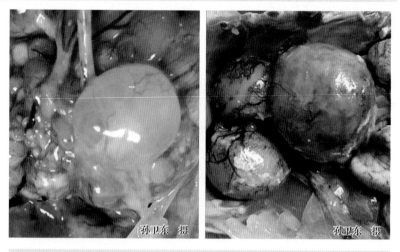

图 6-16　病鸡卵泡的变形和水肿

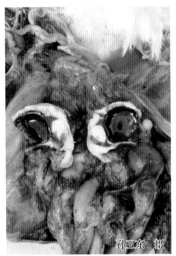

孙卫东 摄

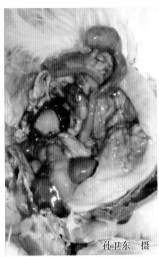

孙卫东 摄

图 6-17 病鸡卵泡的变形和出血

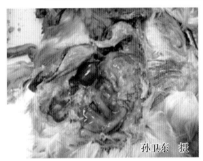

孙卫东 摄

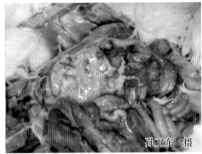

孙卫东 摄

孙卫东 摄

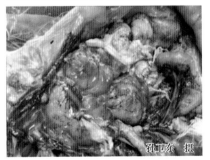

孙卫东 摄

图 6-18 鸡的细菌性卵黄性腹膜炎

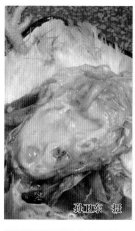 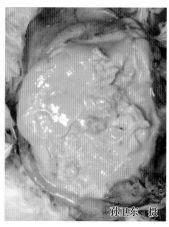

图 6-19　鸡的组织坏死性卵黄性腹膜炎

十二、输卵管炎（管内有干酪样团块）

输卵管外观变粗（见图 6-20）、壁薄、管内有多种颜色的干酪样大团块（见图 6-21），切开干酪样渗出物往往呈同心圆样结构（见图 6-22）。多见于鸡大肠杆菌性输卵管炎、鸡毒支原体病、禽流感、产蛋下降综合征、人工授精操作不当等。

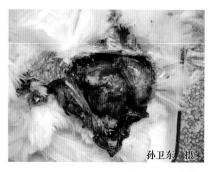 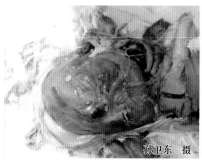

图 6-20　感染鸡整个输卵管膨大变粗

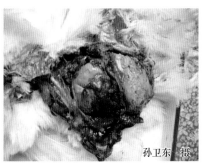
孙卫东 摄

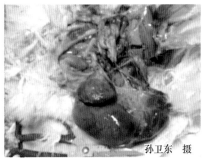
孙卫东 摄

图 6-21 切开膨大的输卵管，内含有干酪样物质

十三、输卵管先天性阻塞

表现为刚刚发育的输卵管内细小，内充满干酪样阻塞物（见图 6-23 和图 6-24）。

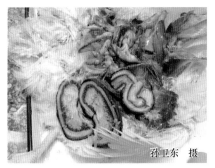
孙卫东 摄

图 6-22 切开干酪样物质，
呈同心圆结构

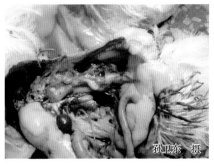
孙卫东 摄

图 6-23 肉种鸡的输卵管阻塞

十四、输卵管和子宫水肿，内含大量脓性分泌物

剖检见病鸡的输卵管和子宫水肿病变时，还可见到输卵管内充满大量脓性分泌物（见图 6-25）。多见于禽流感等。

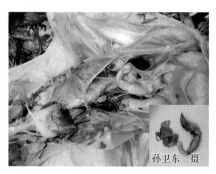

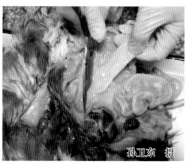

图 6-24　蛋鸡的输卵管阻塞
（右下角为取出的阻塞物）

图 6-25　蛋鸡输卵管黏膜肿胀，
黏液增多

十五、鸡左侧输卵管萎缩和水泡性囊肿

剖检见输卵管变性、发育不全或停止（见图 6-26）。除少部分先天性、生理性发育不全外，多见于小日龄的鸡群感染传染性支气管炎病毒。有的病鸡可见左侧输卵管膨大、壁薄，形成大小不等的囊泡，内有大量透明液体（输卵管积液，"大裆鸡"）（见图 6-27 和图 6-28），多见于鸡产蛋下降综合征、传染性支气管炎、低致病性禽流感、衣原体病等。

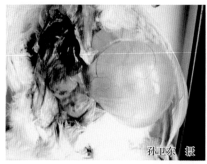

图 6-26　病鸡的输卵管发育不良
（右上为健康对照）

图 6-27　病鸡输卵管膨大、壁薄，
形成大囊泡，内充满液体

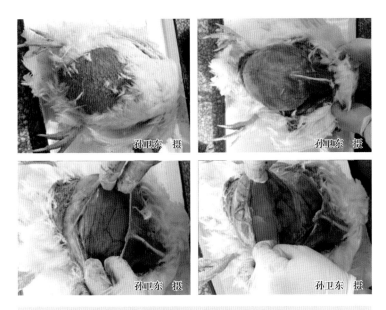

孙卫东 摄

孙卫东 摄

孙卫东 摄

孙卫东 摄

图 6-28 病鸡的输卵管发生水泡性囊肿

十六、鸡右侧输卵管囊肿

健康鸡只有左侧的卵巢和左侧的输卵管具有功能，右侧的卵巢和输卵管在胚胎期退化，但是有些鸡其右侧输卵管（苗勒氏管）退化不全（见图 6-29），形成 2~10cm 长、粗细不等的囊状物，一般情况下对鸡没有影响，但过大的囊肿会压迫腹腔器官，其外观症状很像腹水综合征和输卵管囊肿。有的病鸡未退化的右侧输卵管在形成囊肿的同时，其囊内还有炎性渗出物（见图 6-30）。本病与输卵管囊肿的区别是该囊肿与泄殖腔基部连接，向前延伸端为盲端，内含清亮的液体。

十七、输卵管肿瘤

表现为在输卵管上有大小不等的结节（见图 6-31），多见于鸡马立克氏病、淋巴白血病等。

十八、输卵管漏斗部的囊肿

表现为在输卵管的漏斗部形成囊肿，内充满透明的液体（见图 6-32），原因不明。

十九、输卵管翻出泄殖腔外

见于产蛋母鸡的输卵管脱垂、鸡难产等。

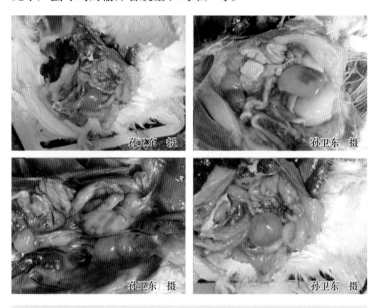

孙卫东 摄

孙卫东 摄

孙卫东 摄

孙卫东 摄

图 6-29 鸡右侧输卵管囊肿，形成积液囊泡

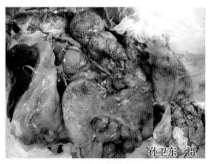

孙卫东 摄

图 6-30 鸡右侧输卵管囊肿，
内有炎性渗出物

孙卫东 摄

图 6-31 病鸡的输卵管肿瘤
（箭头所示）

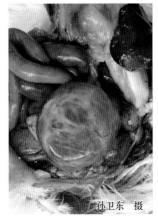

孙卫东 摄　　　　孙卫东 摄　　　　孙卫东 摄

图 6-32　病鸡的输卵管漏斗部的囊肿

二十、睾丸的病变

睾丸充血、出血（见图 6-33），多见于禽流感、新城疫等；一侧睾丸显著肿大、切面呈均匀灰白色，见于鸡内脏型马立克氏病；一侧或两侧睾丸肿大或萎缩、睾丸组织有多个坏死灶，多见于鸡白痢；睾丸萎缩、变性（见图 6-34），见于鸡维生素 E 缺乏症。

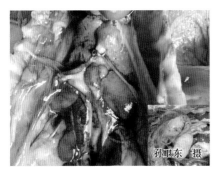

孙卫东 摄　　　　　　　　　　　孙卫东 摄

图 6-33　病鸡的睾丸出血（右下为健　　　　**图 6-34　病鸡的睾丸萎缩**
　　　　　　康对照）　　　　　　　　　　　　　　　（右下为健康对照）

第三节 异常鸡蛋与相应的疾病

鸡蛋是蛋鸡和种鸡最主要的产品。蛋鸡在最佳饲养管理状态下，可以生产大量高质量的鸡蛋，其表面平整、较光滑，颜色（褐壳、粉壳、白壳、绿壳等）和形状各不相同（见图 6-35），这些是由母鸡的品种（遗传特性）决定的、与疾病或者饲养管理无关，而鸡蛋的大小随产蛋周期由小变大（即鸡的初产蛋较小，蛋鸡淘汰时所产蛋最大，见图 6-36）。

图 6-35 正常鸡蛋的颜色和形状
各不相同

图 6-36 鸡蛋的大小随产蛋周期
由小变大

在生产上，若鸡蛋的质量不高，这常常提示蛋鸡本身或鸡的饲养管理等方面出现了问题。因此，仔细观察鸡蛋的大小，鸡蛋是否有裂缝或破碎，蛋壳的质量和蛋壳的颜色，从这些方面获得的信息能帮助您发现蛋鸡或整个饲养管理的哪些方面出现了问题。

观察鸡蛋有异常或者缺陷，可以从以下几个方面寻找原因：由母鸡本身造成的鸡蛋异常，开产之前的因素引起的蛋壳异常，产蛋期间产生的蛋壳异常，产蛋之后（包括集蛋和运输）产生的蛋壳异常，疾病造成的产蛋下降。

一、由母鸡本身造成的鸡蛋异常

（1）双黄蛋 主要见于开产的早期，母鸡开产时日龄越小，生产双黄蛋的数量越多；也见于食欲旺盛的高产母鸡，这是由于两个蛋黄同时从卵巢下行，同时通过输卵管被蛋白壳膜和蛋壳包上，从而形成体积大的双黄蛋（见图 6-37）。

（2）**血斑蛋** 血斑是由卵黄囊或者输卵管的血管被撕裂造成的（见图 6-38），这可能由惊吓或传染性支气管炎病毒感染而引起，如果鸡蛋中的血斑或肉斑较大，在照蛋时就可以看到；也可见于蛋鸡饲料中维生素 K 不足或苄丙酮豆素等维生素 K 类似物过量等。

图 6-37 **双黄蛋**（右侧为正常鸡蛋）　　　图 6-38 **血斑蛋**

（3）**肉斑蛋** 肉斑往往是从输卵管中脱落的组织碎片（见图 6-39 和图 6-40），在照蛋时不能被发现，常见于由大肠杆菌、沙门氏菌或某些病毒严重感染等引起的输卵管炎。

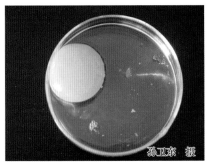

图 6-39 **肉斑蛋**（生鸡蛋）　　　图 6-40 **肉斑蛋**（熟鸡蛋）

（4）**异物蛋** 见于异物（如寄生虫或脱落的组织碎片）落入输卵管

内，刺激输卵管的蛋白分泌部，分泌的蛋白包住异物，形成异物蛋（见图 6-41 和图 6-42）或很小的无蛋黄蛋。

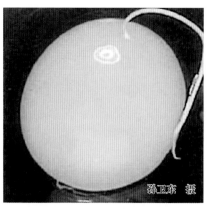

孙卫东　摄

图 6-41　鸡蛋内的蛔虫

孙卫东　摄

图 6-42　鸡蛋内的蠕虫

（5）**蛋黄颜色**　饲料中色素的添加量是蛋黄颜色的主要影响因素，如果与鸡群中其他鸡蛋相比，蛋黄的颜色变浅（见图 6-43），应考虑蛋鸡是否由于感染而消化不良，从而造成鸡对饲料中色素吸收不良；如果诊断母鸡没有生病，那就要调整饲料。此外，若蛋黄的颜色变得特别深（红），应考虑饲料中是否额外添加了一些非法的添加物（如苏丹红）。

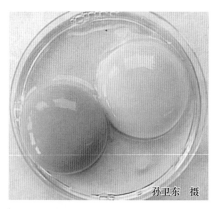

孙卫东　摄

图 6-43　蛋黄的颜色

二、产蛋之前的因素引起的蛋壳异常

鲜蛋的外部质量标准是蛋重、颜色、形状、蛋壳的强度和洁净度。如果产蛋鸡群中，有一定比例的蛋鸡产出的鸡蛋有大有小、形状怪异、色泽不一（见图6-44）、蛋壳厚薄不等（见图6-45）时，常与母鸡的健康状况、饲料的成分和产蛋箱的污物等因素有关。

孙卫东　摄

孙卫东　摄

图 6-44　鸡蛋有大有小、形状怪异、色泽不一

图 6-45　鸡蛋的蛋壳厚薄不等

（1）鸡蛋大小不一

1）鸡蛋变小、蛋重变轻：是指鸡蛋的蛋重较相同日龄同品种的母鸡所产的蛋要小、蛋重变轻（见图6-46），多见于鸡群患有重大疫病的末期、疾病的恢复期、强制换羽的早期、饲料的营养不足或母鸡的消化吸收不良。

2）鸡蛋变大、蛋重变重：在产蛋后期，蛋重较大，该种鸡蛋的蛋壳脆弱，易破碎（见图6-47），此时要及时调整饲料中的钙含量，额外添加钙，确保在天黑之前喂好母鸡，因为蛋壳主要在晚上沉积。

（2）蛋壳褪色　发生这种现象时，产出的鸡蛋颜色比正常原有的色泽要浅，甚至非白色鸡蛋变成白色（见图6-48）。这可能是由于饲料中残留的抗球虫药（尼卡巴嗪）引起，即使微量的抗球虫药也可以导致白壳蛋，抗球虫药可以杀死受精鸡蛋中的胚胎。在发生低致病性禽流感、传染性喉气管炎、新城疫、减蛋综合征或传染性支气管炎等病时常可见到这种变化。此外，发生热应激的鸡群也可出现这种情况。

图 6-46　鸡蛋大小不一

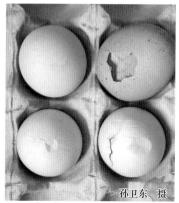

图 6-47　产蛋后期鸡蛋的蛋壳
变脆易碎

（3）蛋壳上的色斑　发生这种现象时，产出的鸡蛋颜色比正常原有的色泽要深，且在蛋壳的表面留下颜色更深且大小不一的色斑（见图6-49），这可能与蛋壳分泌部的出血有关。

图 6-48　少数褐壳鸡蛋的蛋壳褪色

图 6-49　蛋壳上的色斑

（4）形状异常蛋　正常的鸡蛋一般呈一头略大的椭圆形。临床上常见的有：

1）脊状蛋壳：整个蛋壳也凹凸不平、粗糙不光（见图6-50），常见于产蛋应激，也见于发生传染性支气管炎、鸡弯曲杆菌病或氟中毒等病例；脊状蛋壳在鸡蛋略偏于小头的一侧（见图 6-51），常常由传染性支气管炎引起；在鸡蛋顶部呈脊状（见图 6-52），往往是母鸡在产蛋过程中受到应激而引起。

　　2）其他形状异常蛋：如芒果形（见图 6-53）、方形（见图 6-54）、圆形（见图 6-55）等，这些往往是由于应激或者母鸡蛋壳分泌部的异常节律性运动引起。

图 6-50　蛋壳表面凹凸不平、粗糙不光

图 6-51　脊状蛋壳略偏于鸡蛋小头一侧

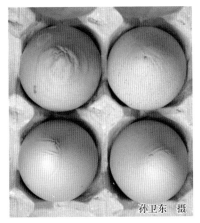

图 6-52　鸡蛋顶部的脊状蛋壳

图 6-53　芒果形鸡蛋

（5）**钙斑**　是指在蛋壳表面沉积多余的钙斑（见图6-56），引起这种情况的原因尚不明确。"环状钙斑"的鸡蛋（见图6-57），偶见于母鸡产蛋时受到急性应激，比正常产蛋时间晚产6~8h，使蛋在子宫内滞留时间长，蛋壳表面额外沉积多余的"溅钙"引起。

孙卫东　摄

图6-54　**方形鸡蛋**　　　　　图6-55　**圆形鸡蛋**

孙卫东　摄

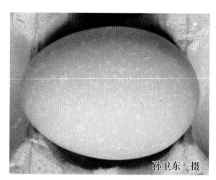

孙卫东　摄

图6-56　**蛋壳上的钙斑**

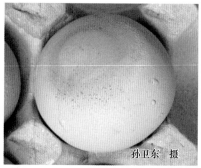

孙卫东　摄

图6-57　**蛋壳上的"环状钙斑"**

（6）**砂壳蛋**　表现为蛋壳上发生白垩色颗粒状物或块状沉积，蛋壳表面（见图6-58和图6-59）或局部粗糙（见图6-60和图6-61）。产蛋鸡群中有一定比例的鸡产出砂壳蛋时，见于蛋鸡饲料中钙过量而磷不足、锌缺乏症、鸡传染性支气管炎，也可能由鸡的品种引起。若产出的砂壳蛋主要表现为局部粗糙（见图6-62），且在鸡蛋的尖端（见图6-63），这可能由产蛋下降综合征病毒感染引起，这种情况下鸡蛋的内容物是水样的（请注意：此症状取决于鸡的种类，但是蛋壳将会增厚，鸡蛋的内部质量没有问题）。

图 6-58 蛋壳表面均匀的颗粒状物

图 6-59 蛋壳表面块状沉积物

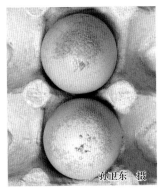

图 6-60 蛋壳局部的
细颗粒状物

图 6-61 蛋壳局部的环形沉积物

（7）**薄壳蛋**（软壳蛋） 薄壳蛋缺少了大部分蛋壳（见图6-64和

图 6-65）。可能的原因：如果母鸡开始产蛋较早，在产蛋早期，快速连续地排卵，在蛋壳形成之前就产蛋；输卵管分泌的钙质赶不上快速连续的卵黄形成；或由产蛋母鸡饲料中钙含量不足、钙磷比例失调或环境急性应激等因素，影响蛋壳腺碳酸钙沉积功能所致。常见于笼养产蛋鸡疲劳综合征、骨软症、热应激综合征；也可见于某些传染病和其他营养代谢病，如传染性支气管炎、新城疫、产蛋下降综合征、低致病性禽流感、传染性喉气管炎、鸡弯曲杆菌病、维生素 D 缺乏、钙磷缺乏、镁过量、钾缺乏、氟中毒、磺胺类药物中毒等。

图 6-62　蛋壳局部的粗颗粒状物

图 6-63　蛋壳尖端的颗粒状沉积物

图 6-64　薄壳蛋
（钙质沉积不良）

图 6-65　薄壳蛋
（缺少了大部分蛋壳）

（8）无壳蛋　即产出的鸡蛋没有蛋壳（见图6-66），手压变形（见图6-67），可见于由鸡大肠杆菌或沙门氏菌所致的蛋鸡卵黄性腹膜炎；在蛋鸡内服四环素类药物或蛋鸡在产蛋时受到急性应激时也可见到类似的情况；也见于由某些病毒（如产蛋下降综合征）引起的母鸡蛋壳分泌部功能的丧失。

图6-66　无壳蛋（无钙质沉积）

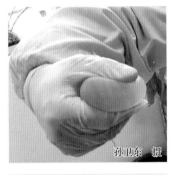

图6-67　无壳蛋（手压变形）

（9）双壳蛋（即具有两层蛋壳的蛋）　见于母鸡产蛋时受惊后输卵管发生逆蠕动，蛋又退回蛋壳分泌部，刺激蛋壳腺再次分泌出一层蛋壳，从而成为双壳蛋。

（10）裂纹蛋　蛋壳骨质层表面可见明显裂缝（见图6-68），见于蛋鸡锰缺乏症、磷缺乏症。此外，在蛋壳形成过程中，母鸡沉郁也会导致蛋壳破裂,这些鸡蛋就是人们所知的"体验蛋"（body-checked egg）。

（11）鸡蛋的尖端光亮　表现为鸡蛋尖端发亮部分与鸡蛋的健康部分有明显的分界（见图6-69）。这可能

图6-68　裂纹蛋

与母鸡繁殖器官感染特殊的滑液囊支原体有关。

（12）细长鸡蛋（见图6-70）　这是由于输卵管中同时有2个鸡蛋在

一起，这与疾病无关，主要由母鸡的遗传特性决定。

图 6-69　鸡蛋的尖端发亮　　　　　图 6-70　　细长鸡蛋

（13）蛋壳上的缺损　　可见鸡蛋的局部有一个或多个深色的缺损（见图 6-71），鸡蛋打破后见其内外相通（见图 6-72），可能与鸡蛋在蛋壳分泌部组织的坏死脱落有关。

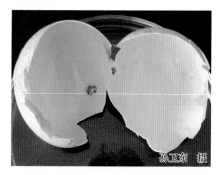

图 6-71　蛋壳上的缺损　　　　图 6-72　　缺损部位的蛋壳内表现

三、产蛋之后的因素引起的蛋壳异常

（1）蛋壳上的血迹　　蛋壳上的血迹（见图 6-73）来源于损伤的泄

殖腔,由于鸡蛋太大(难产)、啄肛、人工授精不当等导致泄殖腔损伤。

(2)蛋壳上的粪便 鸡蛋壳上沾染的鸡粪(见图6-74和图6-75),可能是肠道疾病的结果,肠道疾病导致母鸡排稀薄鸡粪;湿的鸡粪也可能是由不正确的饲料配方引起;如果使用的是可滚动的蛋箱,需要检查产蛋箱驱动系统,如果这一系统不能正常工作或关闭太迟,鸡蛋会被脏的产蛋箱底板污染,请保证产蛋箱清洁干净。

孙卫东 摄

图6-73 蛋壳上的血迹

孙卫东 摄

图6-74 蛋壳上的粪便(笼养)

孙卫东 摄

图6-75 蛋壳上的粪便(平养)

(3)蛋壳上的灰尘环 是鸡蛋在肮脏的地面滚动造成的,在鸡笼和产蛋箱中的灰尘也可以引起灰尘环(见图6-76)。此外,确保鸡蛋滚到集蛋带时的蛋壳是干燥的,这样灰尘就不会沾到蛋壳上。当然,鸡蛋不能在鸡舍中放置太久,要定期清理集蛋带。

(4)蛋壳上的小血斑 蛋壳上有小血斑(见图6-77)说明有严重的红螨感染,当鸡蛋滚落到集蛋带时,红螨被压碎。

图 6-76　蛋壳上的灰尘环

图 6-77　蛋壳上的小血斑（红螨）

（5）鸡蛋的裂缝和破裂　刚产出的鸡蛋的蛋壳很脆弱，少量的蛋壳会被吸到鸡蛋里，图 6-78 所示的小孔是由破旧的鸡笼引起，当鸡蛋落下时笼子损坏了鸡蛋的尖端；在产蛋末期，鸡蛋的裂缝和破裂（见图 6-79）可能是由于饲料中缺乏钙，鸡蛋的蛋壳变得比较脆弱；鸡蛋的裂缝和破裂也可能是集蛋带（见图 6-80）运行的速度太快且不停地打开和关闭，使鸡蛋相互碰撞而引起。此外如果太多的鸡蛋堆积在一起（见图 6-81），鸡蛋的一侧将会损坏。

图 6-78　蛋壳上有小孔，少量的蛋壳吸到鸡蛋里

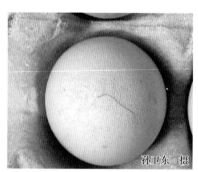

图 6-79　蛋壳上的裂缝

图 6-80 集蛋带上的鸡蛋

图 6-81 笼架上未及时收集的鸡蛋

四、疾病造成的产蛋下降

由疾病造成的产蛋下降，其原因和初步印象诊断见表 6-1。

表 6-1 由疾病造成的产蛋下降的原因和初步印象诊断简表

产蛋情况	原因及伴随的临床表现	初步印象诊断
突然大幅下降	有大批鸡急剧死亡	高致病性禽流感、典型新城疫、急性禽霍乱、败血型大肠杆菌、球虫病、中暑等
	饲料品质不良（如发霉、腐败），饲料或饲喂制度的突然改变，饲养环境的突然变换，免疫接种等	各种中度、强烈应激
	每天下降 2% ~ 4%，持续 2 ~ 3 周，下降幅度最高可达 30% ~ 50%，死亡率 3% 左右；剖检见卵泡充血，变形或脱落，或发育不全，卵巢萎缩或出血	鸡产蛋下降综合征
	病鸡伸颈、张嘴、喘气、打喷嚏，不时发出"咯、咯"声，并伴有啰音和喘鸣声、咳嗽，甩头并咳出血痰和带血液的黏性分泌物。产蛋率快速下降，产蛋高峰期产蛋率下降 10% ~ 20% 的鸡群，约 1 个月后恢复正常，死亡率低。而产蛋量下降超过 40% 的鸡群很难恢复。剖检病鸡见喉头和气管黏膜肿胀、充血、出血甚至坏死，气管内有血凝块、黏液，浅黄色干酪样渗出物	鸡传染性喉气管炎

（续）

产蛋情况	原因及伴随的临床表现	初步印象诊断
小幅下降	有一定的死亡率，剖检有"三炎"病变	鸡大肠杆菌病、公鸡生殖器官炎症、人工授精消毒不严
	有一定的死亡率，剖检浆膜有尿酸盐沉积	鸡痛风
	笼养鸡产蛋量下降，产软壳蛋和破壳蛋，种蛋的孵化率降低。随后出现站立困难，腿软无力，常蹲伏不起	笼养鸡产蛋疲劳综合征
	生殖器官萎缩，繁殖机能及免疫力下降；剖检见小脑软化，胰腺变性；镜检见肝细胞坏死	维生素 E- 硒缺乏症
	生殖器官萎缩，无明显的细菌感染	维生素 B$_1$ 缺乏症
	蛋清稀薄，卵黄色浅，受精率下降	维生素 B$_2$ 缺乏症
	贫血，孵化率下降	维生素 B$_9$、维生素 B$_{12}$ 缺乏症
	产蛋鸡脱毛，鳞状皮炎，孵化率下降	维生素 B$_3$ 缺乏症
	皮肤粗糙、干燥，胫骨增粗，胚胎死亡率高	生物素缺乏症
	鼻分泌物多，黏膜脱落、坏死，孵化初期胚胎死亡率高；或有用白色玉米配料饲喂蛋鸡的病史	维生素 A 缺乏症
	输卵管积有大量透明的液体	鸡输卵管囊肿
	输卵管壁增厚、炎症，内有炎性渗出物	鸡输卵管炎

五、发现异常鸡蛋的方法

似乎在笼养系统中有更多的异常鸡蛋，但这是一个误解。在笼养系统中，可以收集所有的鸡蛋，但在地面平养系统中，仅收集产在产蛋箱和垫料上的鸡蛋。地面平养系统中的一些异常鸡蛋和薄壳蛋不产在产蛋箱中，因此它们不被注意，没有算入异常鸡蛋中。任何情况下的薄壳蛋很难被发现，地面平养系统中，在鸡栖息的棚架下面的鸡粪中您将发现这些薄壳蛋。笼养系统中，薄壳蛋由于有其他鸡的阻挡，不能顺利地滚落，经常卡在鸡笼的底部，因此要仔细检查鸡笼下面或者棚架下面的鸡粪（见图 6-82 和图 6-83）。

孙卫东　摄

图 6-82　鸡笼下粪便中的
薄壳蛋和无壳蛋

孙卫东　摄

图 6-83　笼架下粪便中破损的鸡蛋
及薄壳蛋

六、蛋鸡产蛋期内产蛋变化的规律

（1）**产蛋期**　母鸡从开始产蛋到产蛋结束（72 周龄左右淘汰），构成了一个产蛋周期，如果进行强制换羽，可以再利用第二个或第三个产蛋期。产蛋母鸡的产蛋期可以分为三个阶段，即始产期、主产期和终产期。

1）始产期：从产第一枚蛋到正常产蛋，经过 3 ～ 4 周（鸡群越均匀整齐，时间越短）。其特征是：产蛋间隔时间长（如有的鸡产一个蛋后，第二天不产蛋）；双黄蛋多；软壳蛋多；一天内产一个正常蛋，产一个异状蛋或软壳蛋，其原因是产蛋模式没有形成，排卵和产蛋没有规律性。

2）主产期：始产期后进入主产期，产蛋模式趋于正常，每一只母鸡均具有自己特有的产蛋模式（产蛋模式是指母鸡产一个蛋或连续产若干个蛋后紧接着停产一天或一天以上。产蛋模式可以重复出现，形成了产蛋的周期性），产蛋率迅速提高，达到产蛋高峰，然后稳定一段时间，缓慢下降。主产期是母鸡产蛋年中最长的时期，对产蛋量起决定作用。主产期的长短与育成母鸡的质量、产蛋期环境、饲养管理水平和市场行情等因素有关。

3）终产期：是产蛋量下降比较迅速的时期。母鸡产蛋量的多少，依赖于产蛋期的长短和产蛋期中产蛋率的高低。产蛋期一定的情况下，产蛋率越高，产蛋量越多；产蛋率一定的情况下，产蛋期越长，产蛋量越多。

（2）**产蛋变化规律**　鸡群产蛋有一定的规律性，反映在整个产蛋期内产蛋率的变化有一定的模式。用图绘制出来，即所谓的产蛋曲线，它是以产蛋率为纵坐标，鸡群的生长周龄为横坐标，根据鸡群在整个产蛋期中每周的平均产蛋率以图解形式表示，绘制出来的曲线（从产蛋率达到5%时开始绘制）。鸡群理想的产蛋率曲线见图6-84绿色曲线所示（绿色曲线的鸡群生产状态良好，曲线有明显的产蛋率超过90%的高峰；红色曲线的鸡群生产状态较差，整个产蛋期未出现产蛋率超过90%的高峰和低产蛋率）。

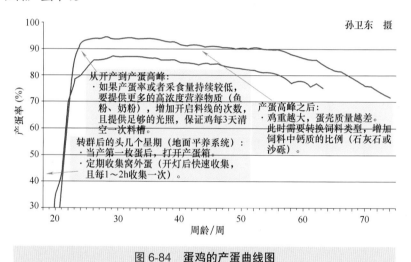

图 6-84　蛋鸡的产蛋曲线图

从图6-84中可以看出，蛋鸡在开产初期，其产蛋率曲线坡度陡峭，说明产蛋率上升迅速。从产蛋率5%开始，经过5～6周，产蛋率上升到85%以上，然后，上升幅度减缓，再经过2～3周可以上升到高峰90%以上，并维持8～12周。30周时蛋重快速增加到60g左右，之后蛋重增速将放缓。如果育成新母鸡质量差、饲养管理不当或鸡群患病等原因使开产初期（产蛋率快速上升阶段）产蛋率徘徊不上或下降，影响极为严重，将推迟产蛋高峰的到来，并降低高峰的峰值，缩短高峰期产蛋持续时间，产蛋量减少，降低饲养全过程的经济效益。产蛋高峰过后，产蛋率开始下降。下降十分平稳，曲线呈一条斜的直线，每周下降幅度为0.4%～0.5%，正常情况下不超过1%，直到72周龄，产蛋率下降到70%左右。饲养管理过程中的不良刺激也会造成高峰期产蛋率下降，下降后就不可能再恢复到原来的水平。所以整个产蛋期内采取良好的措施以保证较高的和稳定的产蛋率，才能获得较多的产蛋量。

在临床上应密切注意产蛋率、饲料和饮水的摄入量和蛋重，如果产蛋推迟或产蛋量很快下降，就要对鸡进行干预。体重足够重且整齐度好的鸡群在产蛋开始时，就生产重量适中的鸡蛋，且很容易饲养管理。在蛋鸡产蛋开始的10周内，1周1次且在每周的同一天给鸡称重，以便及时掌握母鸡体重的变化。也可以稍稍延迟光照刺激，这样产第一枚蛋的时间会延迟，蛋重也会变大。如果蛋重或者产蛋量持续很低，需要检查鸡群的健康状况、饲料摄入量和饲料的质量。如果没有生病，就需要调整饲料和光照方案。如蛋氨酸和亚油酸可以影响蛋重，确保蛋重不要太大（一旦蛋重太大，除非降低产蛋率，否则蛋重很难降低）。产蛋高峰之后，鸡重量越大，蛋壳质量越差，此时需要转换饲料类型，适当降低饲料的营养价值，但是要注意避免营养不良和啄羽。

第七章

鸡免疫抑制和
肿瘤性疾病的诊断

鸡免疫抑制和肿瘤性疾病的发生

一、鸡免疫系统解剖生理特点

1.鸡免疫系统的解剖结构

免疫器官分中枢免疫器官（骨髓、胸腺、法氏囊）和外周免疫器官（淋巴组织、脾脏、哈德氏腺、黏膜免疫系统等）两大类（见图7-1）。

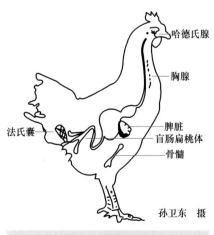

图 7-1　鸡免疫器官

（1）**骨髓** 是造血器官和免疫器官，主要是四肢长骨骨髓。

（2）**胸腺** 位于颈部气管两侧的皮下，形成一串长形分叶状小叶，浅黄粉色沿颈静脉直到胸腔入口的甲状腺处（见图7-2）。鸡一般有7叶，浅黄或带红色。雏鸡明显，性成熟后开始退化直至消失（见图7-3）。

图 7-2 **鸡的胸腺**（左为颈部左侧，右为颈部右侧）

（3）**法氏囊** 又名腔上囊，位于泄殖腔背侧，开口于肛道。呈圆形或长椭圆形，黏膜形成纵褶，有12条，黏膜褶里含有丰富的淋巴组织，性成熟后开始退化（见图7-4）。

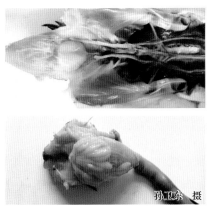

图 7-3 **鸡的胸腺在性成熟后退化、消失**

图 7-4 **鸡的法氏囊**（上为外观，下为剖开的法氏囊内侧黏膜皱褶）

（4）淋巴组织 广泛分布于鸡体，如实质性器官、消化道管壁以及淋巴管管壁内，有的呈弥漫性，有的呈小结状，如皮氏斑，有的较发达，如盲肠扁桃体。

（5）脾脏 位于腺胃右侧，呈不正的球形、圆形或三角形，红褐色（见图7-5）。

（6）哈德氏腺 是禽类眼窝内腺体之一，位于眼窝中腹部，眼球后中央。

孙卫东 摄
图 7-5 鸡的脾脏

（7）黏膜免疫系统 包括肠黏膜、气管黏膜、肠系膜淋巴滤泡、泪腺等，共同组成一个黏膜免疫应答网络。

2.鸡免疫系统的生理特点

鸡的免疫系统是机体抵御病原菌侵犯最重要的防御系统。性成熟前的雏鸡感染传染性法氏囊病病毒后法氏囊遭到破坏进而萎缩，严重影响体液免疫应答，导致疫苗免疫接种失败；若骨髓受到破坏，不仅严重损害造血功能，也将导致免疫缺陷症的发生。

二、鸡免疫抑制和肿瘤性疾病发生的因素

（1）生物性因素 主要是病毒性因素，如鸡传染性法氏囊病病毒、马立克氏病病毒、网状内皮组织增殖症病毒、禽白血病病毒、鸡传染性贫血病病毒等，这些病毒主要是通过破坏机体的淋巴组织或骨髓导致体液免疫或细胞免疫功能降低，而发生免疫抑制。它们还可引起淋巴细胞或网状内皮细胞无限制地增生从而诱发肿瘤形成。

（2）中毒因素 如饲料霉变引起的霉菌毒素中毒，造成内脏器官的损害，从而引起免疫抑制等。

（3）营养因素 长期饲喂低或单一营养的日粮（见图7-6）或过度限饲等引起的营养不良或衰竭，

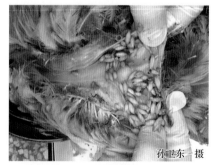
孙卫东 摄
图 7-6 给鸡仅提供麦类日粮

进而发生机体的免疫抑制。

（4）饲养管理因素 如鸡群水线、水壶未及时清理、消毒，或料线、料槽的剩料清理不及时，造成鸡的长期消化吸收不良；饲养密度过大、鸡舍潮湿、有害气体超标等引起鸡黏膜免疫的损伤。

（5）其他因素 某些重金属（如铅）、某些禁用药物（如氯霉素）等也可引起免疫抑制。

第二节 鸡常见免疫抑制和肿瘤性疾病典型临床症状、病理剖检变化及其相对应的疾病

一、法氏囊炎性肿大、出血

法氏囊出现炎性肿大，可见法氏囊的体积增大，浆膜面水肿（见图 7-7）；剖开法氏囊，可见黏膜有胶冻样或干酪样渗出物（见图 7-8），褶皱纵纹明显肿胀，这是鸡传染性法氏囊病的早期病变。随后有的病例法氏囊黏膜有点状出血，有的呈弥漫性出血，有的呈瘀血性出血，整个法氏囊肿大，呈紫葡萄样外观（见图 7-9）。剖开法氏囊，可见黏膜出血（见图 7-10）。

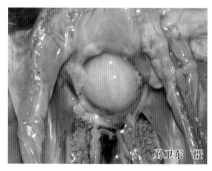
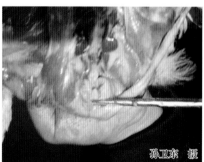

图 7-7 鸡的法氏囊肿大，浆膜面水肿、发亮

图 7-8 切开鸡肿大的法氏囊，内有黄色胶冻样渗出物

图 7-9　鸡的法氏囊肿大、出血，呈
　　　　紫葡萄样（箭头所示）

图 7-10　切开鸡肿大的法氏囊，
　　　　　黏膜严重出血

二、法氏囊有肿瘤结节

可见法氏囊上有乳白色、数量不等、大小不一、表面光滑、质地坚实的结节状或块状突起（见图 7-11），法氏囊内褶皱也肿大成块状，切开这些结节块见有肉样组织（见图 7-12）。多见于鸡淋巴细胞性白血病，在网状内皮组织增殖症的一些病例中也可见到。

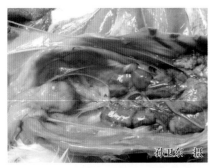

图 7-11　鸡的法氏囊上的肿瘤结节

图 7-12　鸡法氏囊肿瘤结节切开呈
　　　　　肉样组织变化

三、法氏囊萎缩

3 月龄后，鸡的法氏囊开始萎缩，这是正常的生理变化。但在 2 月龄前就出现萎缩，往往是鸡感染了某些疾病的结果。如鸡感染传染性法氏囊病后的第 8 天，法氏囊出现萎缩，其重量仅为原来的 1/3，囊壁变薄，可从浆膜面观察到法氏囊内部的褶皱纵纹；初生雏鸡感染马立克氏病病毒后 15 天，法氏囊发生萎缩。此外，在高致病禽流感、传染性腺胃炎、网状内皮组织增殖症、鸡包涵体肝炎、鸡传染性贫血、鸡黄曲霉毒素慢性中毒等病的一些临床病例中也能看到类似的病变。

四、胸腺萎缩或有出血

表现为胸腺的体积明显比正常的缩小，严重时胸腺几乎消失，有时胸腺伴有出血（见图 7-13），呈紫红色。多见于高致病性禽流感、鸡传染性贫血、鸡网状内皮组织增殖症、严重的蛔虫感染、营养衰竭等。初生雏鸡感染马立克氏病病毒 15 天后，胸腺会发生萎缩（见图 7-14）。此外，在传染性腺胃炎、磺胺类药物中毒、霉菌毒素中毒的部分临床病例中也可见胸腺萎缩。

孙卫东　摄

图 7-13　有的感染鸡的胸腺有出血点

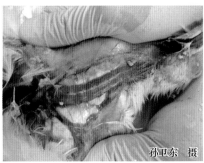

孙卫东　摄

图 7-14　雏鸡的胸腺发生萎缩

五、脾脏肿大、出血或伴有破裂

表现为脾脏严重肿大、出血（见图 7-15），或者同时伴有破裂，在脾脏上附有凝血块并有破裂口（见图 7-16）。多见于鸡住白细胞虫病、鸡大肝大脾病、强烈的应激等。此外，在禽流感、禽链球菌病等引起的败血症病例中也可见脾脏肿大。

孙卫东　摄

图 7-15　鸡的脾脏肿大、出血

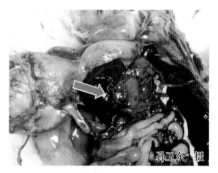

孙卫东　摄

图 7-16　鸡的脾脏破裂（箭头示破裂口的位置）

六、脾脏上有散在的灰白色坏死点

表现为病鸡的脾脏肿大，并有弥散性灰白色的坏死点（见图 7-17）。多见于鸡伤寒、鸡副伤寒、鸡葡萄球菌病、鸡链球菌病、鸡新城疫等。

七、脾脏肿大、有灰白色坏死灶

剖检见脾脏上散布着斑块状、无光泽的灰白色坏死灶，造成脾脏原有的颜色与坏死灶的颜色相间，使整个脾脏呈斑驳状（见图 7-18）。多见于高致病性禽流感，这是流感病毒导致淋巴组织坏死而出现的结果。

孙卫东　摄

图 7-17　鸡脾脏上的灰白色坏死点

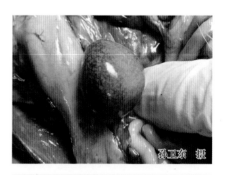

孙卫东　摄

图 7-18　鸡脾脏上散布着斑块状、无光泽的灰白色坏死灶

八、脾脏上有乳白色的肿瘤结节

剖检见脾脏上凸起的肿瘤结节或肿块，肿瘤的大小不一、数量不等（见图7-19）。多见于鸡马立克氏病、鸡白血病。但此类结节应与禽结核结节和肉芽肿相区别。

九、盲肠扁桃体肿胀、出血或有溃疡坏死

表现为盲肠扁桃体体积增大，呈红色或紫红色。剖开盲肠扁桃体，可见有紫红色的出血病灶，或有溃疡性坏死病灶（见图7-20）。多见于鸡新城疫、禽流感、鸡伤寒、鸡大肠杆菌病、鸡球虫病、鸡住白细胞虫病、鸡喹乙醇中毒等。

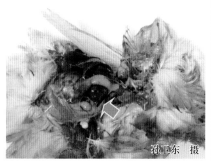

孙卫东 摄

图7-19 鸡脾脏上的肿瘤结节
（箭头所示）

孙卫东 摄

图7-20 鸡的盲肠扁桃体出血、坏死

第三节 鸡免疫抑制性疾病的诊断思路及鉴别诊断要点

一、诊断思路

当鸡群出现免疫失败时，不仅应考虑免疫抑制性疾病，还要考虑其他可能导致鸡产生免疫抑制的因素。其诊断思路见图7-21。

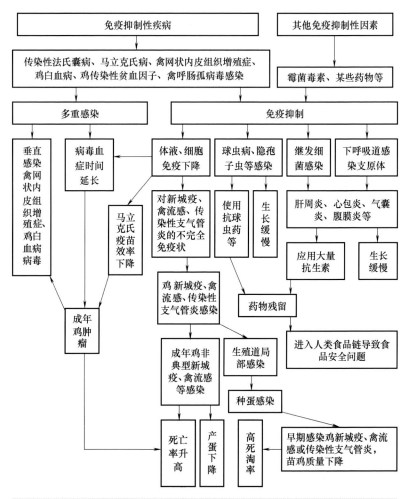

图 7-21　免疫抑制性疾病和免疫抑制性因素致多重感染及继发感染

二、鉴别诊断要点

引起鸡免疫抑制常见疾病的鉴别诊断要点见表 7-1。

表7-1　引起鸡免疫抑制常见疾病的鉴别诊断要点

病名	易感时间	流行季节	群内传播	发病率	病死率	粪便	呼吸	鸡冠肉髯	神经症状	胃肠道	心脏、肺脏、气管和气囊	其他脏器
内脏型马立克氏病	2～5月龄	无	慢	有时较高	高	正常	正常	萎缩	部分鸡有	各脏器多可形成肿瘤		
白血病	6～18月龄	无	慢	低	高	正常	正常	萎缩	有时瘫痪	有肿瘤	有时有肿瘤	肝脏肿大
传染性贫血	2～4周龄	无	较慢	较高	高	正常	困难	苍白或黄染	无	贫血	贫血	肌肉、骨髓苍白
网状内皮组织增殖症	无	无	急性快、慢性较长	有时较高	高	白色稀便	正常	萎缩或苍白	无	有时有肿瘤	有时有肿瘤	腺胃、性腺、肾脏有时有肿瘤
传染性法氏囊病	3～6周龄	4～6月	很快	很高	较高	石灰水样稀粪	急促	正常	无	出血	心冠出血	胸肌、腿肌、法氏囊出血

鉴别诊断要点

第八章

鸡场疾病的综合防治策略

一、了解疾病的发生经过

　　疾病是致病原（因素）与机体的损伤和抗损伤不断斗争的结果，其发展过程通常具有一定的阶段性（见图8-1），以生物性致病因素引起疫病的阶段性表现最为明显，通常分为4个阶段。

　　（1）潜伏期　潜伏期又称隐蔽期，是指从病原（因）作用于机体时开始，至最早出现一般临床症状为止的时期。各种疾病潜伏期的长短是不一样的。同一种传染病也因病原微生物进入数量、毒力、途径和机体抵抗力不同而不同，通常烈性传染病潜伏期短，而慢性传染病潜伏期长。了解传染病的潜伏期对于制定该病的防疫、检疫、封锁、隔离等措施均具有重要的指导意义。在潜伏期中，机体会动员一切防御机能与致病原（因素）进行斗争，如果防御机能能够克服致病因素的损害，则机体可不发病，反之，疾病继续发展，就会进入下一阶段（前驱期）。

　　（2）前驱期　前驱期又称先兆期，是指疾病从出现一般症状开始到出现主要症状为止的时期，该期长短一般为几小时到两天。在这一阶段中，机体的活动及反应性均有所改变，出现一些前驱症状（如体温升高、精神沉郁、食欲减退等）。若疾病进一步发展，就会进入下一阶段（明显期）。

　　（3）明显期　明显期又称发病期（症状显现期），是指疾病的典型（特征性）症状充分暴露出来的时期。由于这些症状有一定的特征性，所以对疾病的诊断很有价值，如病鸡高热、跗骨鳞片出血、颈部皮下胶冻样渗出、高发病率、高死亡率等为禽流感的典型症状。

（4）**转归期**　转归期又称终结期，是指疾病的结束阶段。在此阶段如果机体的抗损伤战胜了损伤，则疾病好转，临床症状逐渐消退，病理变化逐渐减轻，生理功能逐渐恢复正常，最后痊愈或不完全痊愈；如果机体的抗损伤力量过弱，而病理性损伤加剧并占绝对优势，则疾病恶化，甚至引起机体死亡。

鸡精神萎靡、食欲下降

鸡精神沉郁、厌食

部分鸡死亡

鸡全部死亡

图8-1　鸡疾病的发生过程

二、利用鸡的患病或死亡曲线，判断鸡群疾病所处的阶段

根据鸡场负责人、生产记录提供的鸡群的总只数、发病病例数、死亡病例数分别进行计算，得出鸡群的发病率（发病率＝鸡群的发病病例

数 / 鸡群的总只数）、死亡率（死亡率 = 鸡群的死亡病例数 / 鸡群的总只数）、病死率（病死率 = 鸡群的死亡病例数 / 鸡群的发病病例数）。将以上计算出的数据绘制成鸡群的发病曲线图（见图 8-2）。据此判断该鸡群的发病是符合疫病（如传染病、寄生虫病）曲线还是中毒病曲线，该鸡群疾病发生所处的发病阶段，以便及时采取有效防治措施。

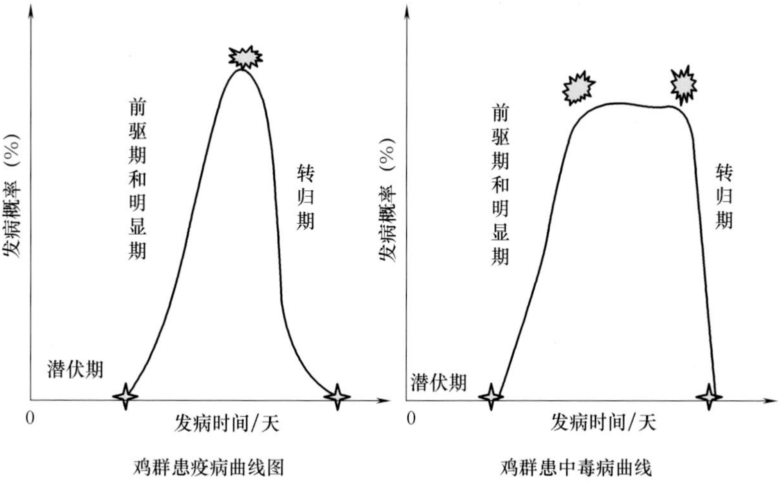

图 8-2 患病鸡群的发病率曲线图

三、目前鸡病的流行特点

（1）疫病种类多、潜在风险大 不可否认，我国从国外大量引进优良肉鸡、蛋鸡的品种对促进我国养鸡业的快速发展起到了重要作用，从国外进口相当数量的鸡产品满足了我国不同消费者不断提高的物质需求。但由于当时对鸡病认识上的一些不足，或缺乏一些有效的疾病诊断、监测手段，或与引进鸡品种相配套的防疫卫生措施跟不上等原因，导致一些新的鸡传染病传入和发生，如禽流感、鸡传染性贫血、肾病变型传染性支气管炎、腺胃型传染性支气管炎、气管堵塞型传染性支气管炎、禽网状内皮组织增殖症、J 亚型淋巴白血病、传染性法氏囊病、鸡马立克氏病、鸡病毒性关节炎、鸡心包积液 - 肝炎综合征、鼻气管鸟杆菌感染等。以上这些疫病，有的已在我国较大范围内发生和流行，有些虽然目前只在局部发生，但具有很大的潜在危险。更为严重的是，所有这些疫病若在养鸡过程中不引起足够的重视，将在以后若干年内持续给我国养鸡业造成危害，其经济损失难以估计。

（2）发病非典型化和病原出现新的变化　在疫病流行过程中，受到外界环境或免疫力的影响，某些病原的毒力常发生变化或重组，从而出现新的变异株或血清型（基因型）。加上鸡群群体免疫水平不高或不一致，导致某些疫病在流行病学、临床症状和病理剖检变化等方面出现非典型变化，使某些原有的旧病以新的面貌出现。如目前各地发生的非典型新城疫（基因Ⅶ型）、低致病性禽流感（H9）、鸡腺胃型传染性支气管炎、气管堵塞型传染性支气管炎（491或类491）等。另一方面，有些病原的毒力增强，虽然经过免疫接种，但常出现免疫失败。如传染性法氏囊病毒超强毒株和变异毒株的出现；马立克氏病毒的毒力明显增强，已发现有超强毒株和超超强毒株。以上这些新的发病动态，对鸡病诊断、免疫和防治形成新的挑战。

（3）某些细菌性疾病的危害加大　随着集约化养鸡场、养殖小区的增多和养鸡规模不断扩大，养殖环境污染越加严重，细菌性疫病明显增多。如鸡大肠杆菌病、沙门氏菌病、葡萄球菌病、绿脓杆菌病、支原体病等环境或条件性病原微生物，已成为养鸡场的常在菌。加上规模化饲养的密度过大，通风换气条件差，各种应激等不良因素，使得鸡机体抵抗力降低，这些都直接导致了鸡群对致病菌的易感性增强。其次，某些损害免疫系统的疾病，如传染性法氏囊病、鸡传染性贫血、网状内皮组织增殖症、马立克氏病、J亚型淋巴白血病等免疫抑制性疾病未能得到有效控制，也很容易造成鸡细菌性疾病的发生。再次，饲料中霉菌毒素的超标会导致鸡免疫机能的下降，增加细菌性疾病的易感性。此外，一些养殖户在养鸡过程中不按药物的使用方法和疗程用药，而是盲目大量滥用抗菌药物，减少疗程；还有在饲料中添加促进生长药物及免疫注射时不适当使用抗菌药物。如此种种，使养鸡场中一些常见的细菌产生强耐药性，一旦发病后，诸多抗菌药物都难以奏效。因此，科学的饲养管理，搞好环境卫生，合理用药和通过药物敏感试验选用敏感药物等对有效控制细菌性疾病显得十分重要。

（4）多病原混合感染病例增多　在生产实际中常见很多病例是由2种或2种以上病原对同一机体产生致病作用。并发病、继发感染和混合感染的病例显著上升，特别是一些条件性、环境性病原微生物所致的疾病更为突出。常见的混合感染有：病毒病之间合并感染，如传染性法氏囊病与新城疫，新城疫与传染性支气管炎；病毒病与细菌病混合感染，如低致病性流感与大肠杆菌病，传染性支气管炎与支原体病；细菌病之间的混合感染，如大肠杆菌病与传染性鼻炎，大肠杆菌病与葡萄球菌病等。在临床上虽然采取一系列的诊断和防治措施，常常效果不理想，甚至无效。这些多病原的混合感染给诊断和防治工作带来很大困难。

（5）**发病日龄跨度大** 部分鸡的传染病发病日龄变宽，如传染性法氏囊病，发病日龄最小的仅 8 日龄，还未接种疫苗就感染发病，大的可见于110 日龄育成鸡；鸡痘，有的雏鸡仅 8～9 日龄便感染发病，按 4 周龄进行首免，则许多鸡首免时可能已感染此病，200 日龄的产蛋鸡也可发病。

（6）**营养代谢病和中毒病的比例明显上升** 在一些养鸡业比较发达或养殖水平较高的地区，由于疫病得到了较好的控制，使营养代谢病和中毒病占发病总数的比例已从过去的百分之几上升到百分之十几，最高的可达百分之三十几，应引起养鸡者的重视。

四、鸡群发生疾病的归类诊断

鸡群发生疾病归类诊断的依据主要是：是否具有传染性，其传播方式是水平传播、垂直传播还是不能传播；起病和病程是起病急、病程短还是起病缓、病程长；是否发热；是否有典型的肉眼可见变化，是否有足够数量肉眼可见的寄生虫存在；是否有接触毒物的病史等。鸡群发生疾病的归类诊断思路如图 8-3 所示。

五、产生错误诊断的原因

错误的诊断，是造成防治失败的主要原因，它不仅造成个别鸡的死亡或影响其经济价值，而且可能造成疫病蔓延，使鸡群遭受危害。导致错误诊断的原因多种多样，概括起来可以有以下 4 个方面。

（1）**病史不全** 病史不真实，或者发病情况了解不多，对建立诊断的参考价值极为有限。例如，病史不是由饲养管理人员提供的，或者是为了推脱责任而做了不真实的回答，或者以其主观看法代替真实情况，对过去治疗经过、用药情况及免疫接种等叙述的不具体，以致临床兽医不能真正掌握第一手资料，从而发生误诊。

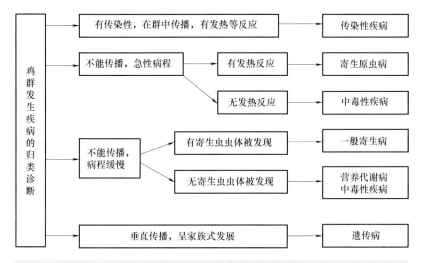

图8-3　鸡群发生疾病的归类诊断思路

（2）**条件不完备**　由于时间紧迫，器械设备不全，检查场地不适宜等原因导致检查不够细致和全面，也往往使诊断不够完善，甚至造成错误的诊断。

（3）**疾病复杂**　疾病比较复杂，不够典型，症状不明显，而又急于做出诊治处理，在这种情况下，建立正确诊断比较困难，尤其对于罕见的疾病和本地区从来未发生过的疾病，由于初次接触，容易发生误诊。

（4）**业务不熟练**　由于缺乏临床经验，检查方法不够熟练，检查不充分或未按检查程序进行检查，认症辨症能力有限，不善于利用实验室检验结果分析病情，诊断思路不开阔，而导致错误的诊断。

第二节　鸡场疫病的流行环节和防控策略

一、鸡场疫病流行的3个基本环节

鸡场的疫病是如何从个体感染发病扩展到群体流行？这一过程的形成，必须具备3个相互连接的必要环节，即传染源、传播途径和易感动物（见图8-4）。

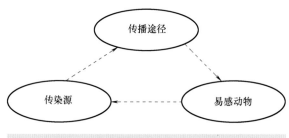

图 8-4 鸡场疫病流行的 3 个基本环节

（1）传染源　体内有病原微生物，并能通过一定途径（如唾液、鼻腔分泌物、粪便、尿液、血液）向体外排出这些病原的鸡称为传染源。传染源包括患病鸡和带菌、带毒鸡。病原排出后所污染的外界环境（如土壤、水、工具、饲槽、饮水器、鸡舍、空气和其他动物等）称为传染媒介。患病鸡在前驱期和发病期排出的病原体数量大、毒力强、传染性强，是重要传染源。而那些带菌、带毒鸡，不表现明显临床症状，呈隐性传染，但病原可以在体内生长繁殖，并不断排出体外，因此它们是最危险的传染源。这类传染源最容易被人们所忽视，只有通过实验室检验才能检查出来，还可以随动物的移动散播到其他地区，造成新的暴发或流行。病原由传染源排出的途径见图 8-5。

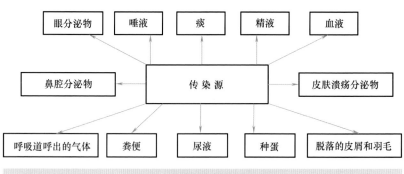

图 8-5 病原由传染源排出途径

（2）传播途径　病原由传染源排出后，经一定方式侵入其他易感鸡所经过的途径称为传播途径。传染病的传播可分为水平传播和垂直传播两大类，水平传播又分为直接接触传播和间接接触传播两种传播方式。

1）水平传播。

① 直接接触传播：指在没有任何外界因素参与下，由健康鸡与患病鸡直接接触（如交配）而引起的传染，此种传染方式的传播范围有限，传播速度缓慢，不易造成大的流行。

② 间接接触传播：a.经空气传播，病原体通过空气（气溶胶、飞沫、尘埃）等传播，如鸡传染性喉气管炎、禽流感等呼吸道疾病的传播；b.经污染的饲料和水传播，患病鸡排出的分泌物、排泄物或患病鸡尸体等污染了饲料、垫料、饮水等，或由某些污染的饲养管理用具、运输工具、禽舍、人员等辗转污染了饲料、饮水，当易感鸡采食这些被污染的饲料、饮水时，便能发生感染；c.经污染的土壤传播，某些传染病的病原体随着鸡排泄物、分泌物及其尸体落入土壤，其病原体能在土壤中生存很长时间，当易感鸡接触被污染的土壤时，可能发生感染；d.活的传播媒介传播，如节肢动物（蚊、库蠓、蝇等）、野生动物（吸血蝙蝠等）、人类等的传播。

2）垂直传播。某些疾病可通过携带病原的产蛋种鸡经卵将病原传播给子代，如鸡白痢、鸡白血病、鸡产蛋下降综合征等。有些病也可经输卵管传播，如大肠杆菌、沙门氏菌、疱疹病毒等。

病原体传播途径和入侵门户见图8-6。

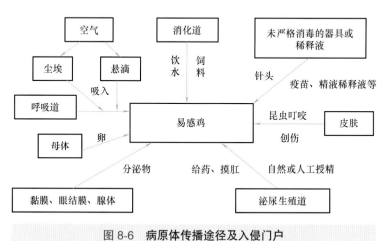

图 8-6　病原体传播途径及入侵门户

（3）易感鸡群　指对某种病原具有易感性（无免疫力）的鸡或易感鸡群。如鸡是鸡球虫的易感动物，是新城疫病毒的易感动物。

影响动物易感性的主要因素有：

1）内在因素：不同种类的家禽对于同一种病原体的易感性有很大差异。

2）外界因素：饲养管理、卫生状况等因素也能在一定程度上影响动物的易感性。

3）特异性免疫状态：家禽个体不同，特异性免疫状态不同。禽群中若有 70%～80% 的禽具有某种疾病的获得特异性免疫力，这种疾病就不会在该禽群大规模暴发式流行。

二、鸡场疫病的防控策略

1. 鸡场疫病防控的总策略（见表 8-1）

表 8-1　鸡场疫病防控的总策略简表

疫病流行的基本环节	疫病的流行环节及因素		疫病防控策略	疫病防控目的
传染源	发病鸡		隔离、淘汰、治疗、尸体处理	消灭传染源
	潜伏期和恢复期鸡			
	症状不明显的鸡			
	健康带菌（毒）鸡			
传播途径	直接接触传播		隔离	切断传播途径
	间接传播途径	土壤	卫生管理和消毒	
		空气		
		饮水		
		鸡舍		
		笼具		
		运输工具		
		排泄物		
		饲料	注意选购，防霉变	
		人员	消毒及行政管理	
		飞鸟	防鸟	
		啮齿动物	灭鼠	
		昆虫	灭虫	

（续）

疫病流行的基本环节	疫病的流行环节及因素	疫病防控策略	疫病防控目的
易感鸡	年龄、性别、用途	隔离、淘汰或治疗	提高鸡的抵抗力
	遗传素质	育种改良	
	应激因素	减少应激，药物预防	
	免疫状况	免疫接种预防	
	营养状况	加强营养，药物预防	

2. 做好疫苗的免疫接种工作

（1）鸡场疫苗的常用免疫方法

1）滴鼻、点眼免疫。

【免疫部位】幼鸡眼结膜囊内、鼻孔内。

【操作步骤】首先准备疫苗滴瓶，将已充分溶解稀释的疫苗滴瓶装上滴头，将瓶倒置，滴头向下拿在手中，或用点眼滴管吸取疫苗，握于手中并控制好胶头；其次是保定，左手握住鸡，食指和拇指固定住鸡头部，使鸡的一侧眼或鼻孔向上；最后滴疫苗，滴头与眼或鼻保持 1cm 左右距离，轻捏滴瓶（管），滴 1～2 滴疫苗于鸡的眼或鼻中（见图 8-7），稍等片刻，待疫苗完全吸收后再将鸡轻轻放回地面。

2）肌内注射免疫。

【免疫部位】胸肌或腿肌。

【操作步骤】调试好连续注射器，确保剂量准确。注射器与胸骨成平行方向，针头与胸肌成 30°～45° 角，在胸部中 1/3 处向背部方向刺入胸部肌肉，也可于腿部肌内注射，以大腿无血管处为佳（见图 8-8）。

3）颈部皮下注射免疫。

【免疫部位】颈背部下 1/3 处。

【操作步骤】首先用左手或右手握住鸡；其次在颈背部下 1/3 处用大拇指和食指捏住颈中线的皮肤并向上提起，使其形成一囊，或用左手将皮肤提起呈三角形；最后将注射针头与颈部纵轴基本平行，针孔方向向下，针头与皮肤呈 45° 角从前向后刺入皮下 0.5～1cm，推动注射器活塞，缓缓注入疫苗，注射完后快速拔出针头。现在一些孵化场为提高效率，已经采用机器进行苗鸡的颈部皮下注射（见图 8-9）。

郎应仁　摄

郎应仁　摄

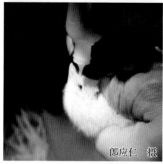

郎应仁　摄

郎应仁　摄

图 8-7　鸡滴鼻（上）和点眼（下）免疫接种

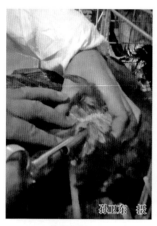

孙卫东　摄

胸部注射

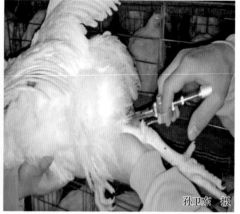

孙卫东　摄

腿部注射

图 8-8　鸡肌内注射免疫接种

郎应仁 摄
人工注射

郎应仁 摄
机器自动注射

图 8-9 鸡颈部皮下注射免疫接种

4）皮肤刺种免疫。

【免疫部位】 鸡翅膀内侧三角区无血管处。

【操作步骤】 首先用左手或右手握住鸡，然后用左手抓住鸡的一只翅膀，右手持刺种针插入疫苗瓶中，蘸取稀释的疫苗液，在翅膀内侧无血管处刺针（见图 8-10）；拔出刺种针，稍停片刻，待疫苗被吸收后，将鸡轻轻放开；再将刺针插入疫苗瓶中，蘸取疫苗，准备下次刺种。

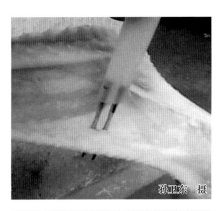
孙卫东 摄

图 8-10 鸡皮肤刺种免疫

5）饮水免疫。

① 停水。鸡群停止供水 1 ~ 4h，一般当 70% ~ 80% 的鸡找水喝时，即可进行饮水免疫。

② 疫苗稀释及饮用。饮水量为平时日耗水量的 40%，一般 4 周龄以内的鸡每千只 12L，4 ~ 8 周龄的鸡每千只 20L，8 周龄以上的鸡每千只 40L。计算好疫苗和稀释液用量后，在稀释液中加入 0.1% ~ 0.3% 脱脂奶粉。将配制好的疫苗水加入饮水器，给鸡饮用。鸡群给疫苗水的时间要一致，饮水器分布均匀，使同一群鸡基本上同时喝上疫苗水，并在 1 ~ 1.5h 内喝完。

6）气雾免疫。

① 粗雾滴喷雾免疫法。喷雾器可选择手提式或背负式喷雾器。喷雾量按 1000 只鸡计算，1 日龄雏鸡 150 ~ 200mL，平养鸡 250 ~ 500mL，笼养鸡 250mL。操作：1 日龄雏鸡装在纸箱内，纸箱排成一排，在距离鸡 40cm 处向鸡喷雾，边喷边走，往返 2 ~ 3 次将疫苗均匀喷完。喷完后应使鸡在纸箱内停留半小时。平养鸡在喷雾前先将鸡轻轻赶到较暗的一侧墙根处，在距离鸡 50cm 处对鸡喷雾，边喷边走，至少应往返喷雾 2 ~ 3 次，将疫苗均匀喷完。笼养鸡与平养鸡喷雾方法相同。

② 细雾滴喷雾免疫法。喷雾器可选择手提式或背负式喷雾器。喷雾量按 1000 只鸡计算，平养鸡 400mL，多层笼养鸡 200mL。操作：在鸡上方 1 ~ 1.5m 处喷雾，让鸡自然吸入带有疫苗的雾滴。

（2）鸡场疫苗的免疫程序

1）确定免疫程序的依据。a. 本地区、本场的发病史及目前正在发生的主要传染病（流行毒株），依此确定疫苗的免疫时间和免疫种类，对当地从未发生过的疾病切勿盲目接种；b. 把握好接种日龄与鸡易感性的关系，着重处理好日龄及体内抗体水平（包括母源抗体）的关系；c. 免疫途径不同将获得不同的免疫效果，如新城疫点眼、滴鼻免疫效果优于饮水免疫；有些疫苗应根据亲嗜部位不同采取特定的免疫程序，如法氏囊病毒亲嗜肠道，最佳的免疫途径是滴口或饮水免疫，而鸡痘亲嗜表皮细胞，必须采用刺种免疫，即每种疫病的免疫途径最好采用该病的自然感染途径；d. 科学地安排不同疫苗接种时间以防疫苗间的干扰；e. 正确选择疫苗剂型和生产厂家；f. 确定疫苗剂量和稀释量；g. 同种疫苗本着先弱后强的安排，合理搭配活苗与死苗；h. 配套的饲养管理条件。

2）蛋种鸡和蛋鸡的参考免疫程序见表 8-2。

表 8-2　蛋种鸡和蛋鸡的参考免疫程序

免疫日龄	免疫用疫苗	免疫接种方法	免疫剂量
1	鸡马立克氏病疫苗	颈部皮下注射	1~2 羽份
3	传染性支气管炎 H120、491（类 491）或 Ma5	点眼、滴鼻或喷雾	1~2 羽份
7~10	① 新城疫Ⅳ系 + 传染性支气管炎 Ma5 活疫苗	点眼或滴鼻	1.5 羽份
	② 新城疫 - 禽流感二价油剂灭活苗	颈部皮下注射	0.3mL

（续）

免疫日龄	免疫用疫苗	免疫接种方法	免疫剂量
15	法氏囊三价苗或进口法氏囊苗	滴口或饮水	1 羽份
20~21	① VH-H120-28/86 三联弱毒疫苗或ND-H120 二联苗	点眼或滴鼻	1~1.5 羽份
	② 新城疫 - 肾传染性支气管炎二联油苗或新城疫 - 肾传染性支气管炎 - 腺胃传染性支气管炎三联油苗	颈部皮下注射	0.5mL
28	法氏囊中毒苗	滴口或饮水	1 羽份
30~35	鸡痘疫苗	皮肤刺种	1 羽份
42	传染性喉气管炎疫苗（疫区用）	点眼或涂肛	1 羽份
40~50	大肠杆菌油苗	颈部皮下注射	0.5mL
50~60	VH-H120 二联苗	滴鼻、点眼	2 羽份
	同时免疫新城疫 - 禽流感多价油乳剂灭活疫苗	颈部皮下注射	0.5mL
	传染性喉气管炎疫苗（非疫区用）	点眼或涂肛	1 羽份
	新支三联苗或新城疫Ⅰ系苗	饮水或肌内注射	1 羽份
80	传染性喉气管炎疫苗（疫区用）	点眼或涂肛	1 羽份
90	传染性脑脊髓炎疫苗（疫区用）	饮水或滴口	1 羽份
90~100	鸡痘疫苗	皮肤刺种	1 羽份
	传染性脑脊髓炎疫苗（疫区用）	饮水或滴口	1 羽份
120	ND+IB+EDS+AI 多价四联苗或 ND 二价 +IB+EDS+AI 多价及腺胃传染性支气管炎四联苗	颈部皮下注射	1mL
140	法氏囊油苗	胸部肌内注射	0.5mL
160~180	新城疫Ⅳ系冻干苗	饮水或喷雾	2 羽份
220~240	新城疫 - 禽流感多价油乳剂灭活疫苗	肌内注射	0.5mL
300~320	法氏囊油苗或新城疫 - 法氏囊二联油苗	颈部皮下注射	0.5mL

注：其他如鸡毒支原体感染、传染性鼻炎、禽霍乱及葡萄球菌病等视疫情而定。不同地区选用不同免疫程序。①和②最好同时使用。

3）肉种鸡的参考免疫程序见表 8-3。

表 8-3　肉种鸡的参考免疫程序

免疫日龄	免疫用疫苗	免疫接种方法	免疫剂量
1	鸡马立克氏病疫苗	颈部皮下注射	1~2 羽份
5	病毒性关节炎弱毒苗	颈部皮下注射	1 羽份
7	肾型传染性支气管炎 H120、491/ 类 491 或 Ma5	点眼、滴鼻或喷雾	1~1.5 羽份
10~20	① 新城疫 Lasota 系或 Clone30+ 传染性支气管炎 H$_{120}$ 二联苗或 VH-H$_{120}$-28/86 三联苗	滴鼻或点眼	1~1.5 羽份
	② 新城疫 - 禽流感二价油剂灭活苗	颈部皮下注射	0.3mL
15	法氏囊弱毒苗或进口法氏囊苗	滴口或饮水	1 羽份
25~28	法氏囊中等毒力苗	滴口或饮水	1 羽份
30~35	鸡痘疫苗	皮肤刺种	1 羽份
	大肠杆菌油苗	颈部皮下注射	0.5mL
40	传染性喉气管炎疫苗（疫区用）	点眼或涂肛	1 羽份
45	传染性鼻炎灭活菌	肌内注射	0.5mL
60	VH-H120 二联苗	点眼或滴鼻	2 羽份
	同时免疫新城疫 - 禽流感多价油乳剂灭活疫苗	颈部皮下注射	0.5mL
	传染性喉气管炎疫苗（非疫区用）	点眼或涂肛	1 羽份
	新支三联苗	点眼、滴鼻或饮水	1 羽份
75	传染性喉气管炎疫苗（疫区用）	点眼或涂肛	1 羽份
80	传染性鼻炎灭活菌	肌内注射	0.5mL
90	鸡痘疫苗	皮肤刺种	1 羽份
	传染性脑脊髓炎疫苗（疫区用）	饮水或滴口	1 羽份
100	传染性喉气管炎疫苗（非疫区用）	点眼或涂肛	1 羽份
115	病毒性关节炎弱毒苗	颈部皮下注射	1 羽份
120	① ND+IB+EDS+AI 多价四联苗或 ND 二价 +IB+EDS+AI 多价及腺胃传染性支气管炎四联苗	颈部皮下注射	1mL
	② 法氏囊油苗	颈部皮下注射	0.5mL

（续）

免疫日龄	免疫用疫苗	免疫接种方法	免疫剂量
145	法氏囊油苗或新城疫-法氏囊二联苗	颈部皮下注射	0.5mL
220~240	新城疫-禽流感多价油乳剂灭活疫苗	肌内注射	0.5mL
300	法氏囊油苗或新城疫-法氏囊二联苗	颈部皮下注射	0.5mL

注：其他如鸡毒支原体感染、传染性鼻炎、禽霍乱及葡萄球菌病等视疫情而定。①和②最好同时使用。

4）商品肉鸡的参考免疫程序见表8-4。

表8-4 商品肉鸡的参考免疫程序

免疫日龄	免疫用疫苗	免疫接种方法	免疫剂量
1~3	VH-H$_{120}$-28/86 三联弱毒疫苗	点眼或滴鼻	1.5 羽份
7~10	① 新城疫IV系 + 传染性支气管炎 Ma5 活疫苗	点眼或滴鼻	1.5 羽份
	② 新城疫-禽流感二价油剂灭活苗	颈部皮下注射	0.3mL
14	传染性法氏囊炎活疫苗（D78）	滴口或饮水	1 羽份
19~21	新城疫IV系 +H52 活疫苗	喷雾或饮水	2 羽份
24~26	传染性法氏囊炎活疫苗（法倍灵）	滴口或饮水	1~1.5 羽份
30~35	鸡痘疫苗（疫区用）	皮肤刺种	1 羽份
40	传染性喉气管炎疫苗（疫区用）	点眼或涂肛	1 羽份
60	VH-H$_{120}$ 二联苗或新支三联苗	点眼或滴鼻	1 羽份
	同时免疫新城疫-禽流感多价油乳剂灭活疫苗	颈部皮下注射	0.5mL

注：其他如葡萄球菌病等视疫情而定。①和②最好同时使用。

3. 做好鸡场的消毒工作

在养鸡生产过程中，根据养殖目标和消毒时机不同，可将消毒分为预防性消毒、紧急（临时）消毒和终末消毒。

（1）预防性消毒 预防性消毒又称日常常规消毒，指平时在没有明确传染源存在的情况下，为预防疫病的发生而采取的消毒措施。如对鸡舍、场地、环境、饲养用具、运输工具（见图1-8和图1-9）、饲养管理人员及进出人员（见图1-10）、饮水、饲料和其他物品、养殖设施等进行定期和不定期的各种消毒，以达到预防一般性传染病的目的。预防性消毒必须按鸡场事先拟定的消毒制度严格执行。

（2）紧急（临时）消毒　紧急消毒指在发生疫病期间为了及时消除、杀灭从患病鸡体内排出的病原而采取的消毒措施。消毒对象包括病鸡所在的鸡舍、隔离场地以及被病鸡排泄物和分泌物污染的一切场所、设施、物品、剩余的饲料和有关人员等。紧急消毒应尽早进行，并根据消毒对象及所发生鸡疫病的性质，按相应疾病的消毒规范选择不同的消毒剂和消毒方法。

（3）终末消毒　终末消毒指在疫病控制平息后或在疫区解除封锁之前，为消灭疫区内可能残留的病原，对疫区进行全面彻底的最后一次大消毒。终末消毒的特点是全面、彻底。因此，终末消毒的质量直接关系到以后能否继续在该地健康养鸡。终末消毒的对象包括患病鸡、可疑病鸡及其尸体甚至痊愈病鸡体表所污染的鸡舍、场地、土壤、水、饲养和运输工具、仓库、人体防护装备、病鸡产品、粪便等。

　4.提高机体的抵抗力

　1）使用外源性活性免疫球蛋白，使其迅速参与机体的抗病过程，促进机体恢复。

　2）提高机体的细胞免疫水平，促进胸腺、脾脏、骨髓等免疫器官迅速产生巨噬细胞、嗜中性白细胞等直接吞噬体内病原。

　3）提高机体的体液免疫水平，促进机体产生B细胞、从而产生抗体，直接中和体内病原，使病原失去致病性。

　4）提高机体细胞代谢水平，提高鸡群对营养物质的吸收和转化，为机体抵抗力的提高奠定物质基础。

　5）保护机体防御系统组织细胞的完整性，促进内源性干扰素、抗病细胞因子的产生等。

　5.预防继发感染

　1）根据病程选用有效的药物进行快速、高效杀菌或抑菌，同时清理内毒素。

　2）使用黏膜保护剂，修复受损的黏膜。

　3）缓解炎症症状，改善血液循环（靠解痉，扩张血管，增加血流），保护细胞（它能提高细胞对缺血、缺氧、毒素的耐受性，稳定细胞膜），加速恢复。

6. 对症治疗

1）修复损伤，平衡健康的支点（即水、电解质、酸碱平衡）。

2）补充必需的氨基酸。

3）补充必需的能量。

4）补充抗病、抗应激营养等。

附　录

附录 A 鸡的病理剖检方法

鸡的病理剖检在鸡病诊治中具有重要的指导意义，因此应在养鸡场内建立常规的病理剖检制度，对鸡场中出现的病、残或死鸡进行尸体剖检，及时发现鸡群中存在的潜在问题，对即将发生的疾病做出早期诊断，防止鸡场疾病的暴发和蔓延。

一、病理剖检的准备

（1）剖检地点的选择　养鸡场的剖检室应建在远离生产区的下风处。若无剖检室，且须剖检时，应选择在下风处比较偏僻的地方，尽量远离生产区。

（2）剖检（采样）器械的准备　对于鸡的剖检，一般有剪刀和镊子即可工作。另外可根据需要准备骨剪、肠剪、手术刀、搪瓷盆、标本缸、广口瓶、消毒注射器或一次性注射器、针头、培养皿、酒精灯、试管、抗凝剂、福尔马林固定液、记录本等，以便采集各种组织标本。

（3）剖检防护用具的准备　工作服、胶靴、橡胶手套或一次性医用手套、脸盆或塑料水桶、消毒剂、肥皂、毛巾等。若需要进入鸡舍收集病鸡或病死鸡，还须准备一次性隔离服。

（4）尸体处理设施的准备　大型鸡场应建尸体发酵池或购置焚尸炉，以便处理剖检后的尸体和平时鸡场出现的病鸡、病死鸡和淘汰鸡。中小型鸡场应对剖检后的尸体进行深埋或焚烧。

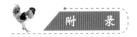

二、病理剖检的注意事项

（1）**做好防护工作**　在进行病鸡病理剖检前，如果怀疑待检鸡感染的疾病可能对人有接触传染时（如鸟疫、丹毒、流感等），必须采取严格的卫生预防措施。剖检人员在剖检前换上工作服、胶靴，配戴优质的橡胶手套、帽子、口罩等，在条件许可的条件下最好戴上细粒面具，以防吸入病鸡的组织或粪便形成的尘埃等。

（2）**剖检前消毒**　用消毒药液将病死鸡的尸体、剖检的台面、搪瓷盘或防漏垫等完全浸湿和消毒。

📢 **注意**　剖检时，病鸡或病死鸡的尸体下应垫防渗漏的材料（如搪瓷盘、塑料布或塑料袋），避免病原的传播和二次污染。

（3）**及时剖检病鸡或病死鸡**　如果病鸡已死亡则应立即剖检，寒冷季节一般应在病鸡死后24h内剖检，夏天则时间应相应缩短，以防尸体腐败（见附图A-1）对剖检病理变化造成影响。此外，在剖检时应对所有死亡鸡进行剖检，且特别注意所剖检的病鸡或病死鸡在鸡群中是否具有代表性，所出现的病理变化应与鸡死后出现的尸斑（见附图A-2）等相区别。

尸体腐败、发绿

内脏腐败发黑

附图 A-1　腐败的死鸡

（4）严格遵循剖检和采样程序
剖检过程应遵循从无菌到有菌的程序，对未经仔细检查且粘连的组织，不可随意切断，更不可将腹腔内的管状器官（如肠道）切断，造成其他器官的污染，给病原分离带来困难。

（5）认真观察病理变化　剖检人员在剖检过程中须认真检查和观察病变，做好记录，切忌草率行事。如需进一步检查病原和病理变化，应按检验目的正确采集病料送检。

孙卫东　摄

附图 A-2　死鸡血液下沉、
出现瘀血尸斑

（6）剖检人员出现损伤的处理　在剖检过程中，如果剖检人员不慎割破自己的皮肤，应立即停止工作，先用清水洗净，挤出污血，涂上药物，用纱布包扎或贴上创口帖；如果剖检的液体溅入眼中，应先用清水洗净，再用 20% 的硼酸冲洗。

（7）剖检后的消毒　剖检完毕后，所穿的工作服、剖检用具要清洗干净，消毒后保存。剖检人员应用肥皂或洗衣粉洗手、洗脸，并用 75% 的酒精消毒手部，再用清水洗净。剖检后的鸡尸体、剖检产生的废弃物等应进行无害化处理。剖检场地要进行彻底消毒。

三、病理剖检的程序

（1）宰杀活鸡　对于尚未死亡的活鸡，应先将其宰杀。常用的方法有断颈法（即一手提起双翅，另一手掐住头部，将头部急剧向垂直方向的同时，快速用力向前拉扯）；颈动脉放血（见附图 A-3a）；静脉注射安乐死的药液、二氧化碳（CO_2）等。

（2）浸泡消毒尸体　将病鸡、病死鸡或宰杀后的鸡用消毒药液将其尸体表面及羽毛完全浸湿（见附图 A-3b），然后将其移入搪瓷盆或其他防漏垫上准备剖检（见附图 A-3c）。

（3）固定尸体　将鸡的尸体背位仰卧，在腿腹之间切开皮肤（见附图 A-3d），然后紧握大腿胫骨，用手将两条腿掰开，直至股骨头和髋臼分离，这样两腿将整个鸡的尸体支撑在搪瓷盆上（见附图 A-3e）。

（4）剥离皮肤　从鸡的腹部后侧剪开一个皮肤切口或沿中线先把胸

骨嵴和泄殖腔之间的皮肤纵行切开，然后向前剪开胸、颈的皮肤，剥离皮肤暴露颈、胸、腹部和腿部的肌肉（见附图 A-3f），观察皮下脂肪、皮下血管、龙骨、胸腺、甲状腺、甲状旁腺、肌肉、嗉囊等的变化。

a）病活鸡的宰杀

b）尸体的浸泡消毒

c）将消毒后的尸体移至搪瓷盘内

d）切开腿腹之间的皮肤

e）掰开双腿直至股骨头和髋臼分离

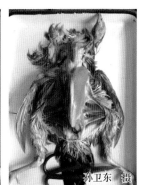
f）剥离皮肤

附图 A-3　鸡的剖检过程

（5）检查内脏　用剪刀在胸骨和泄殖腔之间，横行切开腹壁，沿切口的两侧分别向前用骨钳或剪刀剪断胸肋骨、乌喙骨和锁骨，此过程需仔细操作，不要弄断大血管，然后移去胸骨，充分暴露体腔（见附图 A-4和附图 A-5）。

此时应仔细观察：

1）从整体上观察各脏器的位置、颜色变化、器官表面是否光滑、有无渗出物及其性状、血管分布状况，体腔内有无液体及其性状，各脏器之间有无粘连。若要采集病料，应在此时进行。

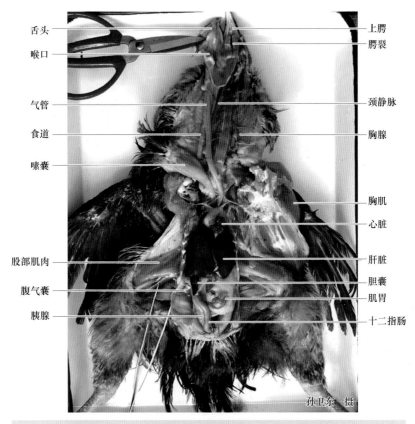

舌头
喉口
气管
食道
嗉囊
股部肌肉
腹气囊
胰腺

上腭
腭裂
颈静脉
胸腺
胸肌
心脏
肝脏
胆囊
肌胃
十二指肠

孙卫东 摄

附图 A-4　打开青年母鸡胸腹腔后的器官直接外观

2）检查胸、腹气囊是否增厚、混浊、有无渗出物及其性状，气囊内有无干酪样团块，团块上有无霉菌菌丝。

3）检查肝脏大小、颜色、质地，边缘是否钝圆，形状有无异常，表面有无出血点、出血斑、坏死点或大小不等的圆形坏死灶。检查胆囊大小、胆汁的多少、颜色、黏稠度及胆囊黏膜的状况。

4）检查脾脏的大小、颜色，表面有无出血点和坏死点，有无肿瘤结节，剪断脾动脉，取出脾脏，将其切开检查淋巴滤泡及脾髓状况。

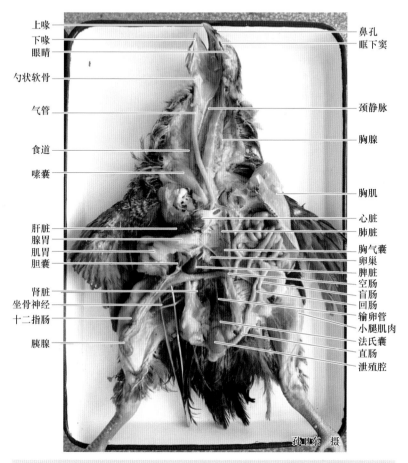

上喙
下喙
眼睛
勺状软骨
气管
食道
嗉囊
肝脏
腺胃
肌胃
胆囊
肾脏
坐骨神经
十二指肠
胰腺

鼻孔
眶下窦
颈静脉
胸腺
胸肌
心脏
肺脏
胸气囊
卵巢
脾脏
空肠
盲肠
回肠
输卵管
小腿肌肉
法氏囊
直肠
泄殖腔

孙卫东　摄

附图 A-5　打开青年母鸡胸腹腔后（挪开胃肠道）的器官直接外观

　　5）在心脏的后方剪断食道，向后牵引腺胃，剪断肌胃与背部的联系，再顺序地剪断肠道与肠系膜的联系，连同泄殖腔一起剪断，取出胃肠道。观察肠系膜是否光滑，有无结节。剪开腺胃、肌胃、十二指肠、小肠、盲肠和直肠，检查内容物的性状、黏膜、肠管的变化。

　　6）在直肠背侧可看到腔上囊，剪去与其相连的组织，摘取腔上囊。检查腔上囊大小，观察其表面有无出血，然后剪开腔上囊，检查黏膜是否肿胀，有无出血，皱襞是否明显，有无渗出物及其性状。

7）检查肾脏的颜色、质地、有无出血和花斑状条纹，肾脏和输尿管道有无尿酸盐沉积等。

8）检查睾丸的大小和颜色，观察有无出血、肿瘤，两侧是否一致；检查卵巢发育情况，卵泡大小、颜色、形态、有无萎缩、坏死和出血，是否发生肿瘤，剪开输卵管，检查黏膜情况，有无出血和渗出物。

9）纵行剪开心包膜，检查心包液的性状，心包膜是否增厚和混浊；观察心脏外纵轴和横轴的比例，心外膜是否光滑，有无出血、渗出物、结节和肿瘤，将进出心脏的动、静脉剪断取出心脏，检查心冠脂肪有无出血点，心肌有无出血和坏死，剖开左右两心室，注意心肌断面的颜色和质度，观察心内膜有无出血。

10）从肋骨间用剪刀取出肺脏，检查肺脏的颜色和质地，观察其是否有出血、水肿、炎症、实变、坏死、结节和肿瘤，观察切面上支气管及肺泡囊的性状。

（6）检查口腔及颈部 沿下颌骨从一侧剪开口角，再剪开喉头、气管、食道和嗉囊，观察鼻孔、腭裂、喉头、气管、食道和嗉囊等的异常病理变化。此外在鼻孔的上方横向剪开鼻裂腔（见附图 A-6），观察鼻腔和鼻甲骨的异常病理变化。

孙卫东 摄

附图 A-6　横向剪开鼻裂腔，观察鼻腔和鼻甲骨的异常病理变化

（7）检查周围神经 在脊柱的两侧，仔细将肾脏剔除，可露出腰间神经丛；在大腿的内侧，剥离内收肌，可找到坐骨神经（见附图 A-7）；将病鸡的尸体翻转，在肩胛和脊柱之间切开皮肤，可发现臂神经；在颈椎的两侧可找到迷走神经；观察两侧神经的粗细、横纹和色彩、光滑度。

（8）检查脑部 切开头顶部的皮肤，将其剥离，露出颅骨，用剪刀在两侧眼眶后缘之间剪断额骨，再剪开顶骨至枕骨大孔，掀开脑盖骨，暴露大脑、丘脑和小脑，观察脑膜、脑组织的变化（见附图 A-8）。

（9）检查骨骼和关节 用剪刀剪开关节囊，观察关节内部的病理变化（见附图 A-9）；用手术刀纵向切开骨骼，观察骨髓、骨骺的病理变化。

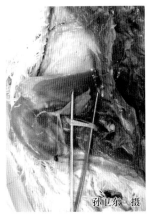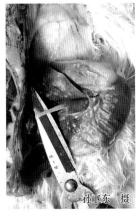

孙卫东 摄　　　　　　　孙卫东 摄

附图 A-7　在大腿内侧剥离内收肌，找到坐骨神经

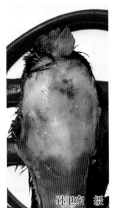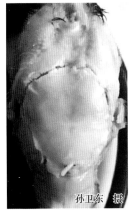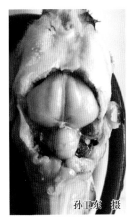

孙卫东 摄　　　　　孙卫东 摄　　　　　孙卫东 摄

附图 A-8　检查脑部

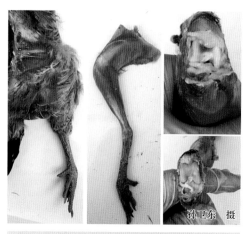

孙卫东 摄

附图 A-9　检查后肢和后肢关节

附录 B　鸡场常用药物

一、鸡场常用抗生素

鸡场常用抗生素的用途、用法和注意事项见附表 B-1。

附表 B-1　鸡场常用抗生素的用途、用法和注意事项

药物名称	防治的疾病	剂量与用法	注意事项
青霉素 G 钾（钠）	链球菌病、葡萄球菌病、螺旋体病、禽霍乱、坏死性肠炎、支原体病	按每千克体重 3 万～5 万单位肌内注射，雏禽按 2 万单位/羽口服，连用 3～5 天	不能与替米考星、氟苯尼考、罗红霉素、磺胺类药物混合使用
氨苄青霉素（氨苄西林）	大肠杆菌病、沙门氏菌病、禽霍乱	按每千克体重 40mg 肌内注射，24h 给药 2 次；按 0.02%～0.05% 拌料；按每升水加 50～100mg 饮水，连服 3～5 天	
阿莫西林（羟氨苄青霉素）	细菌性呼吸道病、大肠杆菌病、支原体病	按 0.02%～0.05% 饮水或拌料，连服 3～5 天	

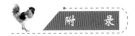

（续）

药 物 名 称	防治的疾病	剂 量 与 用 法	注 意 事 项
头孢曲松钠	大肠杆菌病、沙门氏菌病、禽霍乱、葡萄球菌病、链球菌病	按每千克体重35～50mg口服，每天2次，连服3天；按每千克体重20～30mg皮下或肌内注射，每天1次，连用2天	不能与氟苯尼考、罗红霉素、磺胺类药合用
头孢氨苄（先锋Ⅳ）	大肠杆菌病、沙门氏菌病、禽霍乱、葡萄球菌病、链球菌病	按每千克体重35～50mg饮水，连用3天	
头孢唑啉钠（先锋Ⅴ）	大肠杆菌病、沙门氏菌病、禽霍乱、葡萄球菌病、链球菌病	按每千克体重50～100mg肌内注射，每天1次，连用3天	
头孢噻呋	大肠杆菌病、沙门氏菌病	按每只0.1mg肌内注射	用于1日龄雏鸡
林可霉素（洁霉素）	慢性呼吸道病、大肠杆菌病、葡萄球菌病等	按每千克体重20～50mg肌内或皮下注射，每天1次，连用3天；按每千克体重15～20mg口服，每天1次，连服3天；按每升水加入17mg或按0.02%～0.03%饮水，连用3～5天。与壮观霉素按1∶2比例配合组成利高霉素	与多黏菌素、卡那霉素、新生霉素、青霉素G、链霉素、复合维生素B有配伍禁忌
克林霉素（氯林可霉素、氯洁霉素）	慢性呼吸道病、大肠杆氏菌病、葡萄球菌病等	按每千克体重10～25mg肌内或皮下注射，每天1次，连用3天	对各种厌氧菌作用强大
硫酸庆大霉素（正泰霉素）	大肠杆菌病、沙门氏菌病、禽霍乱、绿脓杆菌病、支原体病	按每千克体重3000～5000单位肌内或皮下注射，每天2次；按每升水2万～4万单位饮水，连服3天；按每千克饲料50～200mg拌料，连服3～5天	不能与氨苄西林、四环素混合使用
硫酸新霉素（可溶性粉新肥素325）	大肠杆菌病、沙门氏菌病	可溶性粉新肥素325，每100g含50.1g。按每升水40～70mg混饮，或按每千克体重15～20mg，或按0.02%～0.03%拌料，连服3～5天	内服难以吸收，在肠道中浓度较高，是治疗肠道感染的常用药物

（续）

药物名称	防治的疾病	剂量与用法	注意事项
妥布霉素	大肠杆菌病、沙门氏菌病、禽霍乱、绿脓杆菌病、支原体病	按每千克体重5mg肌内注射，每天1次；或按每升水30～60mg混饮，连服2～3天	对绿脓杆菌作用强大
硫酸链霉素	大肠杆菌病、沙门氏菌病、禽霍乱、嗜血杆菌病、慢性呼吸道病、应激	按每千克体重10万～15万单位肌内注射，每天1次，共3天；按每升水50～150mg混饮，连用3天	不能与庆大霉素、卡那霉素、新霉素合用
硫酸卡那霉素	大肠杆菌病、腹膜炎、沙门氏菌病、慢性呼吸道病	按每千克体重5～10mg肌内或皮下注射，每天1次，连用3天；按0.01%～0.02%（纯粉）饮水，连服3天；按每千克饲料60～250mg拌料，连服3～5天	与头孢菌素类、盐酸多西环素合用，疗效增强
泰乐菌素（泰农）	支原体病、大肠杆菌病、慢性呼吸道病、化脓菌坏死性肠炎	按每千克体重30mg肌内或皮下注射，每天1次，连用3天；按0.005%～0.01%饮水，或按0.01%～0.02%拌料，连服3天	不能与莫能菌素、盐霉素合用
泰牧菌素（泰妙菌素、泰妙灵、枝原净）	支原体病、某些螺旋体病、嗜血杆菌病	枝原净粉：每100g含5g，将10g（治疗量）加入200kg水中，连饮3天。可溶性粉：每100g含45g，按每升水加150mg（预防量），250mg（治疗量），连饮3～5天	不能与莫能菌素、盐霉素等聚醚类药物合用
吉他霉素（北里霉素、柱晶白霉素）	支原体等呼吸道病	按每千克体重30～50mg肌内或皮下注射，每天1次，连用3天；或按0.02%～0.05%饮水，或按0.05%～0.1%拌料，连用3天	蛋鸡产蛋期禁用，肉鸡休药期为7天
土霉素、四环素、金霉素	革兰氏阳性、阴性菌、球虫病、支原体病	按每千克体重40mg肌内注射，或按每吨饲料加入土霉素200～800mg拌料，连用5～7天	不能与碱性药物合用；不宜服用钙剂等
红霉素	急性肺炎	按0.002%～0.005%拌料，连服3～5天；按每千克体重20～50mg肌内注射，每天2次，连用3天	忌与酸性药物合用

（续）

药物名称	防治的疾病	剂量与用法	注意事项
硫酸阿米卡星（丁胺卡那霉素）	大肠杆菌病、绿脓杆菌病、沙门氏菌病、葡萄球菌病、禽霍乱	按每千克体重2.5万～3万单位肌内注射，每天1次，共2天；按0.005%～0.01%饮水，或按0.01%～0.02%拌料，每天2～3次，连服2～3天	不能与青霉素类混合使用
壮观霉素（大观霉素、速百治）	大肠杆菌病、禽霍乱、鸭疫里氏杆菌病、支原体病、沙门氏菌病	治疗禽霍乱时，按0.1%饮水，每天早上饮服1次，连用1周；或按每升水加500mg，连用3～5天。治疗支原体病时按0.2%～0.4%饮水，连服3～4天	不可静脉注射，蛋鸡产蛋期禁用
多黏菌素	大肠杆菌病、沙门氏菌病、绿脓杆菌病	多粘菌素E预混剂：每千克饲料含多粘菌素E 20g。按每千克饲料2～20mg混饲，每天1～2次，连用3天	不能与氨茶碱、四环素、碳酸氢钠等合用
罗红霉素（严迪）	支原体病、衣原体病、螺旋体病、厌氧菌感染	按0.005%～0.02%（原粉）饮水，或按0.01%～0.03%拌料，每天1～2次，连服3天	与红霉素有交叉耐药性
多西环素（强力霉素、脱氧土霉素）	慢性呼吸道病、大肠杆菌病、沙门氏菌病、禽霍乱、大肠杆菌与支原体混合感染	按0.01%饮水，或按.02%～0.05%拌料，连用5～7天	剂量过高对孵化率有不良影响
甲砜霉素（甲砜氯霉素、硫霉素）	大肠杆菌病、禽霍乱、沙门氏菌病、葡萄球菌病	按每千克体重20～30mg肌内注射，每天2次，或按0.02%～0.03%饮水或拌料，连用3天	不能与庆大霉素、土霉素、林可霉素、螺旋霉素、泰乐菌素等合用
氟苯尼考（氟甲砜霉素）	大肠杆菌病、禽霍乱、沙门氏菌病、葡萄球菌病	按每千克饲料1g料拌，每天1次，连服3～5天；按每千克体重20～30mg肌内注射，每天2次，连用3天	
盐酸沙拉沙星	大肠杆菌病、沙门氏菌病、禽霍乱、慢性呼吸道病	按每100L水加10g饮水，或按每40kg饲料加入10g拌料，连服3天；按每千克体重5～10mg肌内注射，每天2次，连用3天	不能与氨茶碱、碳酸氢钠等合用；与磺胺类药物合用会加重肾脏损伤

209

（续）

药物名称	防治的疾病	剂量与用法	注意事项
恩诺沙星	大肠杆菌病、禽霍乱、副伤寒	按每升水 25～75mg 饮水，或按每千克饲料 100mg 拌料，连服 3～5 天；按每千克体重 5～10mg 肌内注射，每天 2 次，连用 3 天	不能与氨茶碱、碳酸氢钠等合用；与磺胺类药物合用会加重肾脏损伤
环丙沙星	大肠杆菌病、禽霍乱、副伤寒	按每升水 50mg 饮水，或按 0.02%～0.04% 拌料，每天 1～2 次，连服 3～5 天；按每千克体重 10～15mg 肌内注射，每天 2 次，连用 3 天	
氧氟沙星	大肠杆菌病、禽霍乱、副伤寒	按每千克体重 5～10mg 肌内注射，每天 2 次，或按 0.005%～0.01% 饮水，或按 0.015%～0.02% 拌料，连用 3 天	
达氟沙星（单诺沙星）	大肠杆菌病、禽霍乱、副伤寒	按每千克体重 5～10mg 肌内注射，每天 2 次，或按 0.005%～0.01% 饮水，或按 0.015%～0.02% 拌料，连用 3 天	
敌氟沙星（二氟沙星）	大肠杆菌病、禽霍乱、副伤寒	按每千克体重 5～10mg 肌内注射，每天 2 次，或按 0.005%～0.01% 饮水，或按 0.015%～0.02% 拌料，连用 3 天	
磺胺二甲基嘧啶、磺胺异噁唑	禽霍乱、副伤寒、大肠杆菌病、葡萄球菌病、链球菌病、球虫病	按每千克体重 0.07～0.15g 肌内注射，每天 2～3 次，首次量加倍；按 0.5%～1% 混饲，连用 3～4 天；按 0.1%～0.2% 混饮，连用 3 天	不能与青霉素 G 钾（钠）、氨苄青霉素（氨苄西林）、阿莫西林（羟氨苄青霉素）、头孢菌素类（头孢曲松）、罗红霉素（严迪）、氟苯尼考（氟甲砜霉素）等合用
磺胺 -2,6- 二甲氧嘧啶、磺胺邻二甲氧嘧啶	禽霍乱、卡氏住白细胞虫病、球虫病、链球菌病、葡萄球菌病、轻症的呼吸道或消化道感染	按每千克体重 0.05～0.13g 内服，每天 2 次，首次量加倍；按每千克体重 0.05～0.15g 肌内或皮下注射，每天 2 次，或按 0.05%～1% 混饲，或按 0.03%～0.06% 混饮，连用 3～5 天	

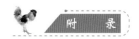

（续）

药 物 名 称	防治的疾病	剂量与用法	注意事项
磺胺嘧啶	禽霍乱、副伤寒、大肠杆菌病、卡氏住白细胞虫病	按每千克体重0.05～0.13g内服，每天2次，首次量加倍；按每千克体重0.05～0.15g肌内或皮下注射，每天2次，或按0.05%～1%混饲，或按0.03%～0.06%混饮，连用3～5天	不能与青霉素G钾（钠）、氨苄青霉素（氨苄西林）、阿莫西林（羟氨苄青霉素）、头孢菌素类（头孢曲松）、罗红霉素（严迪）、氟苯尼考（氟甲砜霉素）等合用
磺胺喹噁啉	禽霍乱、副伤寒、大肠杆菌病、卡氏白细胞虫病、球虫病等	按每千克体重0.05～0.15g肌内或皮下注射，每天2次，首次量加倍；按0.1%～0.3%混饲，或按0.05%～0.15%混饮，连用3～5天	
磺胺-6-甲氧嘧啶	大肠杆菌病、副伤寒、球虫病	按每千克体重0.05～0.15g肌内或皮下注射，每天2次，首次量加倍；按0.1%～0.3%混饲，或按0.05%～0.15%混饮，连用3～5天	
三甲氧苄胺嘧啶	链球菌病、葡萄球菌病、副伤寒、坏死性肠炎，多与磺胺药配成复方制剂	按每千克体重20～25mg肌内或皮下注射，每天2次，或按每千克体重10mg口服，每天2次，或按每千克饲料200mg混饲，连用3～5天	
甲氧苄胺嘧啶、复方敌菌净	大肠杆菌病、副伤寒等	预防：按每千克体重10mg口服，每天2次；按每千克饲料200～300mg混饲，连用3～5天 治疗：按每千克体重20～25mg口服，每天2次；按每千克饲料200～300mg混饲，连用3～5天	
制霉菌素	烟曲霉菌、念珠菌、毛癣菌感染	按每千克体重10～15mg口服；按每千克体重100～130mg拌料；按50万单位/m³气雾	口服不易吸收，用于雏鸡霉菌性感染，气雾疗效更好
克霉唑（抗真菌1号）	白色念珠菌病、烟曲霉菌病、真菌性败血症	按每千克体重50～100mg拌料或每100羽雏鸡用1g，连服7天以上	不能过早停药，否则易复发

（续）

药物名称	防治的疾病	剂量与用法	注意事项
两性霉素B	白色念珠菌病、烟曲霉菌病	按雏鸡每只0.12mg混饮，1～2天1次；气雾按每立方米30mg，吸入30～45min	口服不易吸收，治疗呼吸道感染可用气雾给药
伊曲康唑（依他康唑）	白色念珠菌病、烟曲霉菌病	按每千克饲料20～40mg拌料或每千克体重5～10mg一次内服，每天2次，连服7～14天	内服吸收良好

二、鸡场常用的抗寄生虫（杀虫）药

鸡场常用的抗寄生虫（杀虫）药物的用途、用法和注意事项见附表B-2。

附表B-2　鸡场常用抗寄生虫（杀虫）药物的用途、用法和注意事项

药物名称	防治的寄生虫病	剂量与用法	注意事项
地克珠利（杀球灵、二氯嗪苯二腈）	球虫病	按每升水加入0.5mg饮水，或按每千克料加入1mg拌料，连用3～5天	混饲时必须搅拌均匀
妥曲珠利（百球清、甲基三嗪酮）	球虫病	按每升水加入25mg饮水，或按每千克体重7mg，连饮2天	药液稀释后，应在2天内用完
氯羟吡啶（克球粉及可爱丹，为含量25%的散剂）	球虫病	按每千克体重125mg（预防），250mg（治疗），混于饲料，连用5～7天	克球粉及可爱丹的剂量应为上述剂量的4倍
莫能菌素（欲可胖）	球虫病	按每千克体重125mg，混于饲料，连用5～7天	能使饲料的适口性变差，可引起啄羽。产蛋鸡禁用
氨丙啉（安宝乐）	球虫病	按每千克体重125mg（预防），250mg（治疗），混于饲料，连用2周	可妨碍维生素B_1的吸收，过量使用会引起轻度免疫抑制
尼卡巴嗪（球净、力更生）	球虫病	按每千克体重125mg（预防），200mg（治疗），混于饲料，连用3～5天	产蛋鸡禁用

附　录

（续）

药 物 名 称	防治的寄生虫病	剂量与用法	注 意 事 项
盐霉素（优素精、沙利霉素）	球虫病	按每千克体重 60 ~ 70mg，混于饲料，连用 5 ~ 7 天	能引起鸡饮水量增加，造成垫料潮湿
拉杀菌素（球安）	球虫病	按 0.0095% ~ 0.0125% 混于饲料，连用 5 ~ 7 天	能引起鸡饮水量增加，造成垫料潮湿，产蛋鸡禁用
磺胺 -2，6- 甲氧嘧啶	球虫病、住白细胞虫病	按 0.1% ~ 0.2% 混饲，或按 0.05% ~ 0.1% 混饮，连用 5 ~ 7 天	
左旋咪唑	多数线虫如蛔虫、毛细线虫	按每千克体重 25 ~ 40mg 饮水或拌料，一次内服	
枸橼酸哌嗪（驱蛔灵）	蛔虫病	按每千克体重 0.1 ~ 0.3g 拌料，或按 0.4% ~ 0.8% 加入饮水，每天 1 次，连服 2 ~ 3 天	拌料或加水后 12h 内服完
丙硫苯咪唑	蛔虫、异刺线虫、卷刺口吸虫、赖利绦虫等	按每千克体重 25 ~ 50mg 拌入饲料中，一次内服	
吡喹酮	绦虫病	按每千克体重 10 ~ 15mg 混入饲料中，一次内服	
灭绦灵（氯硝柳胺）	绦虫病	按每千克体重 20mg 混入饲料中，一次内服	
驱虫净	线虫病	按每千克体重 40mg 均匀混入饲料中，一次服用	
硫双二氯酚（别丁）	各种吸虫病、绦虫病	按每千克体重 30 ~ 50mg 均匀混入饲料中，一次服用	
强力灭虫灵（伊维菌素）	驱除体内、体外寄生虫，如线虫、螨虱、蚤、蝇、蛆	按 100kg 饲料加 10g 拌料一次服用，7 天后再给药一次	

（续）

药物名称	防治的寄生虫病	剂量与用法	注意事项
马拉硫磷	外界杀虫	外用：0.5% 水溶液喷洒	
敌百虫	外界杀虫	外用：0.2% ～ 0.5% 水溶液喷洒	
氯氰菊酯（百可杀）	外界杀虫	外用：每升水加 60mg 混匀后喷洒	
氯菊酯（除虫精）	外界杀虫	外用：0.05% 水溶液喷洒	

三、养鸡场和孵化场的消毒药物

养鸡场和孵化场的消毒药物的使用见附表 B-3。

附表 B-3　养鸡场和孵化场的消毒药物的使用

消毒对象	消毒药物与浓度	消毒方法	药液配制
养殖场门口消毒池	2% ～ 3% 氢氧化钠溶液或 5% 来苏儿等	药液水深20cm 以上，每周更换 1 ～ 2 次	投入消毒池内混合均匀
鸡舍门口消毒池、消毒垫	2% ～ 3% 氢氧化钠溶液等	药液水深 20cm 以上或浸湿消毒垫，每周更换或浸泡 1 ～ 2 次	投入消毒池或消毒容器内混合均匀
环境（疫情静止期）	3% 氢氧化钠溶液，10% 石灰乳等	喷洒，每周 1 次，每次作用 2h 以上	与常水配制
栏舍（疫情活动期）	15% 漂白粉，5% 氢氧化钠溶液	喷雾，每天 1 次，每次作用 2h 以上	与常水配制
土壤、粪便、粪池、垫草及其他污物	20% 漂白粉，5% 粗制苯酚，生物热消毒法	浇淋、喷雾、堆积、泥封发酵	与常水配制
空气	紫外线照射，甲醛（甲醛加高锰酸钾）熏蒸等	直接照射、煮沸蒸腾0.5h，或先放高锰酸钾后加甲醛溶液	煮沸蒸腾时甲醛与等量水配制
车辆	与环境、栏舍消毒相同		

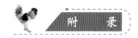

（续）

消毒对象	消毒药物与浓度	消毒方法	药液配制
饮水	漂白粉（25% 有效氯）等	1m³ 水加 6 ~ 10g 漂白粉，作用 30min	投入储水池或污水池内并混合均匀
污水			
鸡舍带鸡消毒	0.3% 过氧乙酸溶液等	1m³ 30mL，喷雾	与净水配制
躯体外寄生虫	1% ~ 3% 敌百虫溶液等	沙浴或喷雾，冬季每周 1 次，连续 3 次	与净水配制
杀灭老鼠	各种灭鼠剂	在老鼠出入口每月投放 1 次	以玉米粒等为载体
杀灭有害昆虫（蚊蝇等）	95% 敌百虫粉	7.5L 药液喷洒 75m²；或设毒蚊缸，每周加药 1 次	药 15g 加水 7.5L

四、鸡场常用中草药

（1）**清热泻火燥湿类**　本类药物性属寒凉，能清气分湿热，或若寒燥湿胜热，主要用于急性热病或湿热内蕴，如肠胃湿热所致的泄泻、痢疾。常用药物有：生石膏、知母、栀子、黄连、黄芩、黄檗、龙胆草、苦参、秦皮、雄黄、穿心莲、大黄。

（2）**渗湿利水类**　本类药物性多甘淡，也有一些性味苦寒，具有通调水道、渗利水湿、解除湿邪为患的作用。常用药物有：茯苓、猪苓、泽泻、车前子、滑石、茵陈、瞿麦、薏苡仁。

（3）**健脾消食类**　本类药物气味芳香，性偏湿燥，具有燥湿健脾作用，或能健运脾胃、促进消化，具有消积导滞作用。常用药物有：苍术、藿香、陈皮、山楂、神曲、麦芽。

（4）**收涩止泻类**　本类药物具有收敛固涩作用，主要为涩肠止泻，用于脾肾虚寒所致的久泻久痢。常用药物有：乌梅、诃子、赤石脂、明矾、石榴皮。

（5）**清热解毒类**　本类药物性属寒凉，有清除热毒的作用，常用于瘟疫、毒痢等热毒病症。常用药物有：金银花、连翘、蒲公英、板蓝根、大青叶、贯众、菊花、柴胡、鱼腥草、马齿苋、金荞麦。

（6）**清热凉血类** 本类药物性属寒凉，能清营分和血分实热，具有凉血清热的作用，主要用于温病热入营血，血热妄行，症见各种出血（主要为内脏出血）等。常用药物有：生地黄、玄参、丹皮、白头翁、水牛角、赤芍。

（7）**止咳平喘类** 本类药物具有制止或减轻咳嗽和气喘作用，可用于主治咳喘症。常用药物有：麻黄、杏仁、葶苈子。

（8）**清利咽喉类** 本类药物具有清除咽喉阻塞、通利气道作用，常作为咳喘症的配伍用药。常用药物有：牛蒡子、桔梗、薄荷、山豆根、射干、冰片。

（9）**扶正固本类** 本类药物多为补益药，具有扶助机体正气，提高免疫能力或促进生长的作用。常用药物有：黄芪、党参、白术、甘草、松针、杨树花、泡桐花、海藻、麦饭石。

（10）**助阳促蛋类** 本类药物多为补益中药中助阳类药，对母禽有促进产卵作用。常用药物有：淫羊藿、补骨脂、益母草、当归、硫黄、蜂花粉。

（11）**克球虫止血痢类** 本类药物有抑杀球虫或制止因球虫而引起肠道出血的作用。常用药物有：常山、青蒿、仙鹤草、地榆、墨旱莲、地锦草、大蒜。

附录C 常见计量单位名称与符号对照表

量的名称	单位名称	单位符号
长度	千米	km
	米	m
	厘米	cm
	毫米	mm
面积	平方千米（平方公里）	km^2
	平方米	m^2
体积	立方米	m^3
	升	L
	毫升	mL

（续）

量 的 名 称	单 位 名 称	单 位 符 号
质量	吨	t
	千克（公斤）	kg
	克	g
	毫克	mg
物质的量	摩尔	mol
时间	小时	h
	分	min
	秒	s
温度	摄氏度	℃
平面角	度	(°)
能量，热量	兆焦	MJ
	千焦	kJ
	焦［耳］	J
功率	瓦［特］	W
	千瓦［特］	kW
电压	伏［特］	V
压力，压强	帕［斯卡］	Pa
电流	安［培］	A

217

参 考 文 献

［1］武现军.鸡常见病诊治彩色图谱［M］.北京：化学工业出版社，2014.

［2］Monique Bestman.蛋鸡的信号［M］.马闯，马海艳，译.北京：中国农业科学技术出版社，2014.

［3］孙卫东，孙久建.鸡病快速诊断与防治技术［M］.北京：机械工业出版社，2014.

［4］孙卫东.土法良方治鸡病［M］.2版.北京：化学工业出版社，2014.

［5］李健，司丽芳，魏刚才.鸡解剖组织彩色图谱［M］.北京：化学工业出版社，2014.

［6］SAIF Y M.禽病学［M］.苏敬良，高福，索勋，译.12版.北京：中国农业出版社，2011.

［7］顾小根，陆新浩，张存.常见鸡病与鸽病临床诊治指南［M］.杭州：浙江科学技术出版社，2012.

［8］刁有祥，杨金保，刁有江.鸡病诊治彩色图谱［M］.北京：化学工业出版社，2012.

［9］张秀美.鸡常见病快速诊疗图谱［M］.济南：山东科学技术出版社，2012.

［10］郭玉璞.鸡病防治：修订版［M］.北京：金盾出版社，2012.

［11］陈鹏举，曾照烨，赵全成.鸡病诊治原色图谱［M］.郑州：河南科学技术出版社，2011.

［12］孙桂芹.新编禽病快速诊治彩色图谱［M］.北京：中国农业大学出版社，2011.

［13］崔治中.禽病诊治彩色图谱［M］.2版.北京：中国农业出版社，2010.

［14］王新华.鸡病类症鉴别诊断彩色图谱［M］.北京：中国农业出版社，2009.

［15］陈理盾，李新正，靳双星.禽病彩色图谱［M］.沈阳：辽宁科学技术出版社，2009.

［16］蔡宝祥.家畜传染病学［M］.4版.北京：中国农业出版社，2001.

［17］吕荣修.禽病诊断彩色图谱［M］.北京：中国农业大学出版社，2004.

［18］辛朝安.禽病学［M］.2版.北京：中国农业出版社，2003.

［19］甘孟侯.中国禽病学［M］.北京：中国农业出版社，2003.

书号：978-7-111-44089-5
定价：26.80

书号：978-7-111-43629-4
定价：25.00

书号：978-7-111-46719-9
定价：19.90

书号：978-7-111-48042-6
定价：35.00

书号：978-7-111-44268-4
定价：26.80

书号：978-7-111-44272-1
定价：49.80

书　目

详情请扫码